7
1970

Faserforschung und Textiltechnik

WISSENSCHAFTLICH-TECHNISCHE ZEITSCHRIFT FÜR DIE CHEMIEFASER- UND TEXTILINDUSTRIE

AUS DEM INHALT

AKADEMIE-VERLAG BERLIN

Faserforsch. u. Textiltechnik • 21. Jahrg. • Heft 7 • Seiten 271—316 • Berlin im Juli 1970

Wolle und Wolle

2× reine Wolle – doch bis die Rohschafwolle
zu Garn verarbeitet ist, sind viele Bearbeitungsstufen erforderlich –
hier hilft in jeder Phase PRÄWOZELL®.

PRÄWOZELL hilft

beim Waschen, Netzen, Schlichten und Entschlichten,
beim Bleichen, Färben, Appretieren und Präparieren.

PRÄWOZELL arbeitet faserschonend und zuverlässig und hilft Ihnen,
echte Spitzenerzeugnisse herzustellen.
Fordern Sie unseren Textilhilfsmittel-Katalog an.

VEB
CHEMISCHE WERKE BUNA
DDR · 4212 SCHKOPAU

DK 677.494.745.32:677.041.42:546.59.02:539.12.04:541.128.04:543.53

Bobeth, Wolfgang, Ruppe, Dietrich, Heger, Adolf, Gollnisch, Gerd-Dieter, und *Loos, Gerhard*

Untersuchung von Präparationsmittelmenge und Präparationsmittelgleichmäßigkeit bei Polyacrylnitrilfaserstoffen mittels Indikatoraktivierungsanalyse

Faserforsch. u. Textiltechnik **21** (1970) 7, S. 271—275. 3 Abb., 4 Tab., 9 Lit.

Zur Durchführung der Aktivierungsanalyse wurden die kationaktive Präparation mit Gold markiert und Proben des Präparationsmittels sowie der mit ihm behandelten fabrikationsgefärbten Polyacrylnitrilfaserstoffe im Kernreaktor mit epithermischen Neutronen bestrahlt und damit aktiviert. Die auftretenden Aktivitäten lassen unmittelbare Rückschlüsse auf die quantitative Präparationsmittelverteilung auf den Faseroberflächen bzw. auf die Konzentration im Präparationsmittelbad zu. Es konnte nachgewiesen werden, daß unter den gewählten Bedingungen die Präparationsmittelverteilung über die Spinnkabellänge und den Spinnkabelquerschnitt nicht konstant ist. Eine besonders starke Konzentration findet sich im Schaum, während sich im Präparationsmittelbad bei nicht zu starker Dosierung ein Konzentrationsgleichgewicht einstellt.

DK 674.032.13:547.458.82:547.455.526:547.455.624:543.544:66.065.2

Slávik, Ivan, Kuniak, Ľudovít und *Kučerová, Mária*

Über den Mannose- und Xylosegehalt in Fraktionen von Nadelholzcellulosen

Faserforsch. u. Textiltechnik **21** (1970) 7, S. 275—278. 3 Tab., 14 Lit.

Fichtenholz-Holocellulose wurde als Nitrat fraktioniert, die Fraktionen wurden denitriert und nach totaler Hydrolyse papierchromatographisch auf Zuckerkomponenten untersucht. Dabei ergab sich eine ungleichmäßige Verteilung der Xylose- und Mannoseeinheiten in den Fraktionen derart, daß ihr Gehalt von den höchsten zu den mittleren Fraktionen bis auf Null fällt und dann wieder ansteigt. Diese Erscheinung wird u. a. als Einfluß der nativen micellaren Struktur gedeutet und mit den Ergebnissen von Versuchen an Laubholzcellulosen verglichen.

DK 661.728.84:547.458.2:541.124:541.127.1:541.24:546.33—36:543.253

Philipp, Burkart, Dautzenberg, Horst, und *Schmiga, Willi*

Zum Einfluß von Polymerisationsgrad, Substitutionsgrad und NaOH-Konzentration auf den zeitlichen Verlauf von Bildung und Zersetzung des Cellulosexanthogenats

Faserforsch. u. Textiltechnik **21** (1970) 7, S. 279—282. 4 Abb., 1 Tab., 18 Lit.

Mittels einer polarographischen Methode wurden für Glucose, Cellobiose, Oligomerengemische der Glucose mit verschiedenem DP und Cellulosen mit unterschiedlichem DP die Xanthogenatbildungs- und -zersetzungs-RGK ermittelt und der Einfluß von Polymerisationsgrad, Substitutionsgrad und OH^--Konzentration auf die Xanthogenatbildungs- und -zersetzungsgeschwindigkeit diskutiert.

DK 677.494.675'126:677.494.051.71:537.226.083:543.713:658.562

Henkel, Horst

Dielektrische Feuchtebestimmung an Polyamidseide-Spinnspulen

Faserforsch. u. Textiltechnik **21** (1970) 7, S. 283—287. 4 Abb., 8 Lit.

Die theoretischen Grundlagen sowie die experimentelle Erprobung eines dielektrischen Meßverfahrens zur Feuchtebestimmung an PA-S-Spinnspulen werden dargelegt. Die Meßmethode arbeitet zerstörungsfrei und liefert den mittleren Feuchtegehalt des gesamten Wickelkörpers. Sie eignet sich als Schnellmeßmethode für die Betriebskontrolle in den Chemiefaserwerken.

DK 019.9:677.862.2:678.6/.7—13:677.494[Bikomp.]:677.494.061[Bikomp.]

Berger, Werner, und *Mellentin, Jost*

Modifizierung von Synthesefaserstoffen durch Polymermischungen

Faserforsch. u. Textiltechnik **21** (1970) 7, S. 288—294. 2 Abb., 3 Tab., 78 Lit.

Nach einleitenden Ausführungen über Sinn und Möglichkeiten der Polymermischungen wird anhand umfangreicher Zeitschriften- und Patentliteratur über bisher bekanntgewordene Faserstoffe aus Polymermischungen sowie über die mit ihnen erzielten oder erwarteten Verbesserungen berichtet.

DK 677.494:678.5/.8.02:678.5/.8-498.4:541.18.05:678.01.53:678.01:54

Dietrich, Klaus, und *Tolsdorf, Siegfried*

Verbundwerkstoff-Fäden aus Schmelzedispersionen organischer Hochpolymerer

Faserforsch. u. Textiltechnik **21** (1970) 7, S. 295—304. 4 Abb., 10 Tab., 111 Lit.

Es wird ein Überblick über Herstellung und Eigenschaften von Matrix-Fibrillen-Fäden aus Schmelzedispersionen organischer Hochpolymerer gegeben.

Kurze Mitteilungen

DK 677.494:539.12.043:677.017.424.5

Kaufmann, Siegfried

Zur Korrelation zwischen den Ergebnissen von natürlicher und künstlicher Bestrahlung von Syntheseseiden bezüglich der Reißkraft

Faserforsch. u. Textiltechnik **21** (1970) 7, S. 304—305. 1 Tab., 1 Lit.

DK 678.657'126:543.241:[542.938:546.185—325]:547.292.024:678.6.021.22

Dinse, Hans-Dieter, und *Praeger, Konrad*

Über die Bestimmung der Acetylendgruppen in mit Essigsäure stabilisiertem Polycaproamid

Faserforsch. u. Textiltechnik **21** (1970) 7, S. 305—307. 2 Tab., 3 Lit.

DK 677.494.745.32:543.422.4:543.544:66.062.855.5:536.42:542.61

Nestler, Hans, und *Mai, Jürgen*

Zur Bestimmung von Dimethylformamid-Resten in Polyacrylnitrilfaserstoffen

Faserforsch. u. Textiltechnik **21** (1970) 7, S. 307—309. 2 Abb., 3 Tab., 9 Lit.

Die Zeitschrift „Faserforschung und Textiltechnik" erscheint monatlich in Heften zu 48 Textseiten im Format A 4. Der Preis für das Einzelheft beträgt M 15,– (Sonderpreis für DDR M 9,–), für den Vierteljahrbezug M 45,– (Sonderpreis für DDR M 27,–), zuzügl. Bestellgeld. Die Berechnung erfolgt zu Beginn eines Vierteljahrs für 3 Hefte. Bestellungen aus dem Gebiet der Deutschen Demokratischen Republik an ein Postamt, eine Buchhandlung oder den Verlag, aus der Deutschen Bundesrepublik an eine Buchhandlung oder die Auslieferungsstelle Kunst und Wissen, Erich Bieber, 7 Stuttgart 1, Wilhelmstraße 4–6, aus dem Ausland an eine Importbuchhandlung, den Deutschen Buch-Export und -Import GmbH., 701 Leipzig, Postschließfach 276, oder den Akademie-Verlag GmbH., 108 Berlin, Leipziger Str. 3–4 (Fernruf: 220441; Telex-Nr. 0112020; Postscheckkonto 35021) erbeten. Bestellnummer dieses Heftes: 1014/21/7. Alleinige Anzeigenannahme DEWAG-WERBUNG, 102 Berlin, Rosenthaler Str. 28/31, und alle DEWAG-Betriebe in den Bezirksstädten der DDR. – Bestellungen in der UdSSR nehmen entgegen: Städtische Abteilungen von „SOJUZPECHATJ" bzw. Postämter und Postkontore.

Herausgeber und verantwortlich für den Inhalt: Prof. Dr. Erich Correns, Institut für Faserstoff-Forschung der Deutschen Akademie der Wissenschaften zu Berlin, 153 Teltow-Seehof, Fernruf: Teltow 4831; Prof. Dr.-Ing. habil. Wolfgang Bobeth, Institut für Technologie der Fasern der Deutschen Akademie der Wissenschaften zu Berlin, 801 Dresden, Hohe Str. 6, Fernruf: 44721; Prof. Dr.-Ing. Hans Böhringer, Institut für Textiltechnologie der Chemiefasern Rudolstadt, Fernruf: Rudolstadt 2031; Prof. Dr. Hermann Klare, Prof. Dr. habil. Burkart Philipp und Dr. habil. Christian Ruscher, Institut für Faserstoff-Forschung der Deutschen Akademie der Wissenschaften zu Berlin, 153 Teltow-Seehof, Fernruf: Teltow 4831. Schriftleiter: Joachim Brämer und Dipl.-Chem. Ingeborg Ruscher, 153 Teltow-Seehof, Kantstr. 55. Verlag: Akademie-Verlag GmbH., 108 Berlin, Leipziger Str. 3–4. Satz und Druck: Druckhaus „Maxim Gorki", 74 Altenburg. – Veröffentlicht unter der Lizenznummer 1280 des Presseamtes beim Vorsitzenden des Ministerrates der Deutschen Demokratischen Republik.

Manuskriptsendungen sind an einen der Herausgeber oder die Schriftleitung zu richten. Für Inhalt und Form gelten die „Richtlinien für die Annahme und Abfassung von Beiträgen", erhältlich von der Schriftleitung. Die Verfasser größerer wissenschaftlicher Arbeiten erhalten außer dem Honorar ein Heft und 50 Sonderdrucke ihrer Arbeit unentgeltlich. Nachdrucke sowie Übersetzungen in fremde Sprachen des Inhalts dieser Zeitschrift und deren Verbreitung – auch auszugsweise mit Quellenangabe – bedürfen der schriftlichen Vereinbarung mit dem Verlag.

Faserforschung und Textiltechnik

WISSENSCHAFTLICH-TECHNISCHE ZEITSCHRIFT FÜR DIE CHEMIEFASER- UND TEXTILINDUSTRIE

Band 21 | Juli 1970 | Heft 7

Untersuchung von Präparationsmittelmenge und Präparationsmittelgleichmäßigkeit bei Polyacrylnitrilfaserstoffen mittels Indikatoraktivierungsanalyse

Wolfgang Bobeth, Dietrich Ruppe, Bereich Textiltechnik der Sektion Verarbeitungs- und Verfahrenstechnik der Technischen Universität Dresden

Adolf Heger, Deutsche Akademie der Wissenschaften zu Berlin, Institut für Technologie der Fasern in Dresden

Gerd-Dieter Gollnisch, VEB Filmfabrik Wolfen, und

Gerhard Loos, Deutsche Akademie der Wissenschaften zu Berlin, Zentralinstitut für Kernforschung in Rossendorf bei Dresden

DK 677.494.745.32:677.041.42:546.59.02:539.12.04:541.128.04:543.53

Zur Durchführung der Aktivierungsanalyse wurden die kationaktive Präparation mit Gold markiert und Proben des Präparationsmittels sowie der mit ihm behandelten fabrikationsgefärbten Polyacrylnitrilfaserstoffe im Kernreaktor mit epithermischen Neutronen bestrahlt und damit aktiviert. Die auftretenden Aktivitäten lassen unmittelbare Rückschlüsse auf die quantitative Präparationsmittelverteilung auf den Faseroberflächen bzw. auf die Konzentration im Präparationsmittelbad zu. Es konnte nachgewiesen werden, daß unter den gewählten Bedingungen die Präparationsmittelverteilung über die Spinnkabellänge und den Spinnkabelquerschnitt nicht konstant ist. Eine besonders starke Konzentration findet sich im Schaum, während sich im Präparationsmittelbad bei nicht zu starker Dosierung ein Konzentrationsgleichgewicht einstellt.

Изучение содержания замасливателя и равномерности его распределения на полиакрилонитрильных волокнах методом индикаторного активационного анализа

С целью проведения активационного анализа катионоактивный замасливатель был мечен золотом, после чего образцы замасливателя и полиакрилонитрильного волокна, содержащего меченый замасливатель и окрашенного в массе, были облучены в ядерном реакторе эпитермическими нейтронами. Наблюдаемые активности позволяют непосредственно получить информацию о количественном распределении замасливателя на поверхности волокна, а также о его концентрации в ванне. Показано, что в условиях эксперимента распределение замасливателя по длине и поперечному сечению жгута не является равномерным. Особенно велика его концентрация в пене, в то время как в ванне в случае не слишком высокой дозировки устанавливается концентрационное равновесие.

Investigation of the Amount and Regularity of Sizing Auxiliaries on Polyacrylonitrile Fibres by Radioisotope Activation Analysis

Gold-tagged sizing auxiliaries and commercially dyed polyacrylonitrile fibres treated with them were activated by exposition to reactor radiation of epithermic neutrons. The activities observed allow estimates of the distribution of the amount of sizing auxiliaries on the fibre surface and their concentration in the sizing bath. The distribution over the length and cross section of a tow proved to be irregular. High concentration was observed in the foam, while in the bath equilibrium concentration was obtained with moderate amounts of sizing auxiliaries added.

1. *Untersuchungsziel und Methodik*

Im Zusammenhang mit Problemen der Verarbeitung von Polyacrylnitrilfasern (WOLPRYLA) in Wollkämmereien und Feingarnspinnereien ergab sich für den VEB Filmfabrik Wolfen als Produzenten dieser Fasern die Aufgabe zu überprüfen, ob über Spinnkabelquerschnitt und Spinnkabellänge Ungleichmäßigkeiten hinsichtlich der Präparationsmittelverteilung auftreten. Zu untersuchen waren fabrikationsgefärbte Partien von Polyacrylnitrilfasern der Feinheit Nm 2400 (420 mtex) mit Schnittlängen von 100 mm. Es wurde eine kationaktive Präparation eingesetzt.

Analytisch-gravimetrische Methoden haben bisher bei der Bestimmung der Präparationsmittelverteilung auf Faser- und Spinnkabeloberflächen versagt. Deshalb sollte die bisher wenig genutzte Aktivierungsanalyse Anwendung finden. Zu diesem Zwecke wurde die kationaktive Präparation mit Gold markiert und das mit dieser Präparation behandelte Fasermaterial sowie Präparationsmittelproben zum Zwecke der Erzeugung des künstlichen Radionuklides ^{198}Au im Kernreaktor mit epithermischen Neutronen bestrahlt und damit aktiviert. Die auftretenden Aktivitäten sind eine Funktion der Gold- und damit der Präparationsmittelmengen in den Proben und lassen unmittelbare Rückschlüsse auf die quantitative Präparationsmittelverteilung auf den Faseroberflächen bzw. auf die Konzentration im Präparationsmittelbad zu.

Durch geeignete Auswahl der Meßstellen wurde gewährleistet, daß die Verteilung der Präparation auf den Fasern in Abhängigkeit von dem Spinnkabelquerschnitt und der Spinnkabellänge sowie die Änderung der Badkonzentration in Abhängigkeit vom Ort und von der Zeit zu erkennen waren.

2. *Begründung für die Anwendung der Indikatoraktivierungsmethode*

Die Untersuchung der Präparationsmittelverteilung auf WOLPRYLA-Wolfen-Fasern konnte nur mit Hilfe der beschriebenen Methodik vorgenommen werden, weil die Probenahme unter Produktionsbedingungen den Einsatz von Radionukliden [7] aus folgenden Gründen verbot:

— Faserstoffpartien mit markierter Präparationsmittelauflage dürfen aus Gründen des Strahlenschutzes nicht ausgeliefert werden. Der dadurch auftretende Produktionsverlust ist aus ökonomischen Gründen nicht zu vertreten.
— Selbst bei ausreichenden Strahlenschutzmaßnahmen kann man nicht verhindern, daß auch Maschinenteile kontaminiert werden. Unter Berücksichtigung des Abklingens der Aktivitäten bedeutet dies, daß u. U. die gesamte Produktionsabteilung für eine gewisse Zeit zum Abklingen bzw. Dekontaminieren hätte geschlossen werden müssen.

Da bei der Anwendung der Indikatoraktivierungsmethode die Proben erst später durch Bestrahlung aktiviert werden, spielt die Zeit zwischen den Probenahmen und der Aktivierung keine Rolle. Allerdings muß man den Nachteil in Kauf nehmen, daß Faserstoff- und Präparationsmittelbadbestandteile mit aktiviert werden. Wegen des dadurch auftretenden Untergrundeffektes ist mit einer gewissen Beeinträchtigung der Nachweisempfindlichkeit für den eingesetzten Tracer zu rechnen. Die optimale Tracerauswahl erhält daher eine besondere Bedeutung.

3. *Indikatorauswahl*

Im Interesse einer optimalen Versuchsdurchführung sind an den Indikator folgende Forderungen zu stellen:

— Die chemischen und physikalischen Eigenschaften müssen soweit mit denen des Präparationsmittels übereinstimmen, daß eine gute Mischbarkeit im Bad gewährleistet ist und der Indikator im gleichen Verhältnis wie die Präparation auf die Faser aufzieht.
— Der Indikator darf den technologischen Ablauf nicht stören.
— Die Qualität des Produktes sollte nicht beeinflußt werden.
— Der Indikator muß einen hohen Aktivierungsquerschnitt gegenüber Neutronen besitzen.
— Die Zerfallsdaten des erzeugten Nuklides, wie Halbwertszeit, Gammaenergie und deren Übergangswahrscheinlichkeit, müssen für die Messung günstige Werte aufweisen.
— Das Indikatorelement darf in der Probe selbst nicht in störender Konzentration aufteten.
— Die Messung soll bei der Analyse nicht durch andere Nuklide gestört werden.

Aus einer größeren Anzahl von Elementen, die bei Berücksichtigung dieser Forderungen zur Auswahl stehen, wurde schließlich Gold als Indikatorelement ausgewählt. Dieses Element kommt in der Natur als Reinisotop (^{197}Au) vor, das wegen seiner leichten Aktivierbarkeit mit thermischen ($\sigma_{th} = 96$ barn) und epithermischen ($\sigma_{epi} = 1490$ barn) Neutronen, der günstigen Halbwertszeit von 2,8 d und der günstigen Gammaenergie von 0,412 MeV bei einer Übergangswahrscheinlichkeit von 99,9% [3] für diesen Quantensprung außerordentlich gute Meßbedingungen bietet. Der hohe Wirkungsquerschnitt σ_{epi} für epithermische Neutronen bietet außerdem die Möglichkeit der selektiven Aktivierung durch die Bestrahlung mit epithermischen Neutronen. Auf Grund dieser Eigenschaften und den zur Verfügung stehenden Bestrahlungs- und Meßbedingungen ergibt sich eine selbst für die Neutronenaktivierungsanalyse extrem niedrige Nachweisgrenze von 10^{-12} g [4].

Vorversuche mit dem Grundmaterial zeigten, daß das im Gammaspektrum von ^{198}Au stark ausgeprägte Peak bei der Energie von 0,412 MeV nicht durch Peaks aus den Spektren anderer Nuklide bei der vorliegenden Probenzusammensetzung gestört wird.

4. *Versuchsprogramm, Probengrößen und Meßstellen*

Die Probenahmen erfolgten unter Produktionsbedingungen. Zur Erfassung der Präparationsmittelverteilung über Spinnkabelquerschnitt und Spinnkabellänge sowie zur Konzentrationsbestimmung im Bad waren zu untersuchen

— die Präparationsmittelverteilung auf dem Spinnkabel in Abhängigkeit von der Kabellänge und dem Kabelquerschnitt,
— die Badkonzentration in Abhängigkeit von Ort und Zeit.

Da Präparationsmittelungleichmäßigkeiten verschiedene Ursachen haben, die einzeln oder auch komplex wirken, wurden noch folgende Untersuchungen angestellt, um evtl. Korrelationen nachweisen zu können:

— Bestimmung des Abquetscheffektes in Abhängigkeit von Ort und Zeit,
— Untersuchung der Trocknungsbedingungen in Abhängigkeit von Ort und Zeit,
— Messung der Bad- und Trockenwalzentemperatur,
— Bestimmung des Wasserrückhaltevermögens.

Es wurden Proben über Spinnkabellänge und Spinnkabelquerschnitt entnommen, und zwar 43 Faserproben, 50 Badproben und 3 Schaumproben aus dem Präparationsmittelbad sowie mehrere Testproben.

Hinreichende Probenahmen in Abhängigkeit von der Spinnkabellänge wurden durch Zeitvariation (jeweils 25 min Zeitdifferenz) und die Abhängigkeit vom Spinnkabelquerschnitt durch Festlegung von fünf Spinnkabelzonen gewährleistet. Das Spinnkabel hatte eine Breite von 250 mm, die Spinnkabelzonen waren 50 mm breit und wurden von links nach rechts mit den Zahlen 1 bis 5 numeriert. Es wurden Faserprobenmassen von 35 mg gewählt. Die Festlegung der Probenmasse und der Indikatorkonzentration des Bades erfolgte unter Berücksichtigung der oben angegebenen Nachweisgrenze und der Forderung nach ökonomisch vertretbaren Bestrahlungs- und Meßbedingungen. Der Aufwand steigt mit fallendem Goldgehalt außerordentlich stark an. Auf Grund der verschiedenen Einflußgrößen wurde als Mindestgoldgehalt für die Einzelfaserprobe und die entsprechende Badkonzentration $5 \cdot 10^{-8}$ g festgelegt. Dieser Wert berücksichtigt u. a. auch die Präparationsmittelschwankungen durch verschiedene technologische Parameter.

Bei den Bad- und auch Schaumproben wurde zwar ebenfalls von der Mindestgoldmenge $5 \cdot 10^{-8}$ g ausgegangen, allerdings mußte hier der relative Fehler beim Abpipetieren möglichst klein gehalten werden, weshalb 0,5-ml-Proben gewählt wurden. Diese 0,5 ml (0,5015 g) ließen einen mittleren Goldgehalt von $1{,}25 \cdot 10^{-5}$ g erwarten, womit der Nachweis in jedem Falle gesichert war.

Tabelle 1. Meßstellen im Präparationsmittelbad

Bezeichnung der Meßstellen	Anzahl der Meßstellen
über dem Kabeleinlauf in das Bad	2
unterhalb des Kabeleinlaufes in das Bad	2
oberhalb des Kabelauslaufes aus dem Bad	2
unterhalb des Kabelauslaufes aus dem Bad	2
1 cm unterhalb der Badoberfläche an der Zulaufstelle der frischen Flotte	1
1 cm unterhalb der Spinnkabelumlenkung in der Mitte des Spinnkabels	1
1 cm über dem Trogboden, diagonal versetzt in den Trogecken	2

Zur Realisierung der ortsabhängigen Bestimmung der Badkonzentration wurden die in der Tabelle 1 angegebenen Meßstellen festgelegt.

Die Probenahmen erfolgten 5, 60, 120 und 300 min nach Produktionsanlauf. Die Schaumproben wurden zwischen dem Spinnkabelein- und Spinnkabelauslauf genommen, und zwar nach 60, 120 und 300 min. Die Schaumprobengrößen betrugen ebenfalls 0,5 ml (0,5015 g).

5. *Versuchsdurchführung, Probenahmen und Probenaufmachung*

Die Präparationsmittelflotte befand sich in einem Edelstahltrog mit 206 l Inhalt. Die Spinnkabelbreite betrug im Mittel 255 mm. Die Zuführung von Präparationsmittelflotte erfolgte mit Hilfe einer Dosierungspumpe. Während des Kabelauslaufes aus dem Bad wurde Schaum, und zwar besonders stark in den Randzonen, mitgerissen. Der Druck der Abquetschwalzen, die Oberflächentemperatur der Trockentrommeln sowie die Spinnkabelgeschwindigkeit waren während der Versuche konstant. Der Präparationsmittelansatz betrug 400 l. Dazu wurden zunächst 25 ml $HAuCl_4$ mit einem Feingoldgehalt von 10 g mit destilliertem Wasser auf 1000 ml aufgefüllt, wobei die Lösung eine leuchtend gelbe Färbung ohne jede Trübung annahm. Dieser Lösung wurden 100 l Präparationsmittel-Stammansatz zugegeben; abschließend erfolgte eine Auffüllung mit Wasser auf 400 l. Längeres und kräftiges Umrühren bewirkte die erforderliche Homogenisierung.

Der Badtrog war anfangs 22 cm hoch aufgefüllt, was einem Inhalt von 162 l entsprach. Durch die Dosierungspumpe wurden 18,6 l/h nachdosiert. Nach 5 h betrug die Füllstandhöhe im Trog 27 cm, so daß zu dieser Zeit 198 l Flotte im Trog vorhanden waren.

Die Faserprobenahmen erfolgten so, daß aus den Spinnkabelzonen 1 bis 5 Kabelstränge herausgeschnitten wurden, wobei die zeitliche Versetzung zwischen den Proben 15 bis 20 s betrug, was einer mittleren Längenversetzung von 5,7 m entsprach.

Die mittlere Fasermasse der Proben betrug 210 g. Diesen Proben wurden etwa 5 g Fasern mittels Pinzette repräsentativ für die Faseraktivierungsproben entnommen und in Wägegläschen verwahrt. Den 5-g-Proben wurden, wiederum repräsentativ, mittels Pinzette Fasern entnommen und mit einer Analysenwaage 35-mg-Proben ausgewogen. Zur Probenaufmachung standen numerierte Plastetaschen zur Verfügung, in die die Fasern nach Zusammendrehen zu einem Bausch mit Hilfe von zwei Pinzetten eingebracht wurden. Ein Berühren der Fasern mit den Fingern war sorgfältigst zu vermeiden. Der relative Fehler der Wägung betrug 0,286%.

Als Behälter für die Bad- und Schaumproben wurden Quarzglasröhrchen verwendet. Mit einer Pipette wurde die Badflüssigkeit aus gekennzeichneten Reagenzgläsern in die Quarzglasröhrchen übertragen. Der relative Fehler betrug 1%.

Die Badflüssigkeit wurde über Nacht in einem Trockenschrank bei 85°C eingedampft, wobei sich die Trockensubstanz an den Rohrwandungen und am Boden absetzte.

Die in zugedeckten Bechergläsern befindlichen Schaumproben hatten sich nach 3 h abgesetzt, so daß die festgelegten Probenmengen von jeweils 0,5 ml (0,5015 g) abpipettiert werden konnten.

6. *Meßergebnisse*

Die Bestimmung des Goldgehaltes der einzelnen Proben wurde im Zentralinstitut für Kernforschung in Rossendorf durchgeführt. Die hierzu erforderliche Aktivierung erfolgte durch Bestrahlung der Proben im Forschungsreaktor des Institutes bei einem epithermischen Neutronenfluß von $5 \cdot 10^{11}$ n/cm²/s. Die Bestrahlung mit epithermischen Neutronen bot den Vorteil, daß Störungen, die bei der Aktivierung mit thermischen Neutronen auftreten (Untergrund), weitgehend vermieden werden. Daher konnte die Bestimmung der ^{198}Au-Aktivitäten mit guter Genauigkeit ohne chemische Zwischenbehandlung gammaspektrometrisch erfolgen. Als Strahlendetektor diente hierbei ein NaJ/(Tl)-Szintillationskristall mit den Abmessungen 4″ ⌀ × 3″. Der Ausgang des Meßkopfes war mit einem Vielkanal-Impulshöhenspektrometer verbunden. Die in den Tabellen 2, 3 und 4 angegebenen Goldgehalte stellen den Mittelwert aus jeweils zwei gammaspektrometrischen Messungen dar. Die mittlere statistische Streuung der Einzelwerte betrug 4%. Zusammen mit dem Wägefehler ist der Gesamtfehler der Gehaltsangaben bei den Faserproben demnach < 4,3%.

Der Standardwert für die Berechnung der Präparationsmittelauflage aus dem Goldgehalt der Faserproben betrug

0,266 µg Goldgehalt ≙ 0,5% Präparationsmittelauflage.

Tabelle 2. Durchschnittliche Präparationsmittelauflage über den Spinnkabelquerschnitt (vgl. Bild 1)

Spinnkabelzone	$\overline{m}_{Au}$[1]) µg	mittlere Präparationsmittelmenge %
1	0,4715	1,046
2	0,2864	0,634
3	0,3197	0,707
4	0,3451	0,764
5	0,4217	0,934

[1]) $\overline{m}_{Au}$ = mittlere Goldmenge in den Meßproben

Tabelle 3. Durchschnittliche Präparationsmittelauflage über die Spinnkabellänge (vgl. Bild 2)

Zeit min	Lauflänge m	$\overline{m}_{Au}$[1]) µg	mittlere Präparationsmittelmenge %
0	0	0,4212	0,9316
25	490	0,3686	0,8152
50	980	0,3638	0,7992
75	1470	0,3256	0,7285
100	1960	0,5686	1,2586
125	2450	0,2558	0,7922
150	2940	0,2620	0,5796
300	5780	0,2856	0,6322

[1]) $\overline{m}_{Au}$ = mittlere Goldmenge in den Meßproben

Tabelle 4. Durchschnittlicher Goldgehalt und durchschnittliche Goldkonzentration bei den gewählten Versuchsbedingungen im Bad und im Schaum

	Bad		Schaum	
t min	$\overline{m}_{Au}$ µg	$\overline{K}$ g/kg	$\overline{m}_{Au}$ µg	$\overline{K}$ g/kg
Meßbeginn	9,918	15,337	—	—
60	7,491	11,584	19,75	30,58
120	7,184	11,110	6,90	10,68
300	5,041	7,795	4,76	7,36

Die Durchschnittswerte der Messungen sind aus den Tabellen 2 und 3 ersichtlich.

Die Meßergebnisse für die Konzentrationen im Präparationsmittelbad und in den Schaumproben wurden ebenfalls aus zwei gammaspektrometrischen Messungen ermittelt. Zur mittleren Streuung von 6% addiert sich der Abfüllfehler, so daß der Gesamtfehler $< 7\%$ ist.

Der Standardwert für die Berechnung der Badkonzentration betrug

$$12{,}5\ \mu\text{g Goldgehalt} = 19{,}33\ \text{g/kg (Lösung)}.$$

Die Meßergebnisse sind in der Tabelle 4 enthalten.

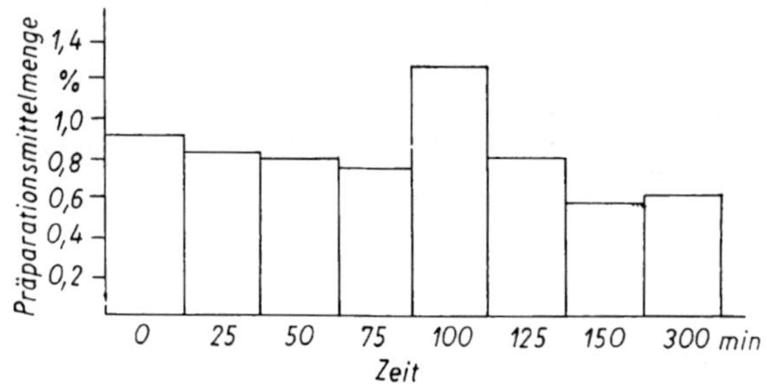

Bild 2. Präparationsmittelverteilung über die Spinnkabellänge

7. *Auswertung der Ergebnisse*

Die Präparationsmittelauflagen über den Spinnkabelquerschnitt weisen in den Randzonen größere Werte auf als in den Mittelzonen (Bild 1). Auf Grund von Korrelationsrechnungen konnte nachgewiesen werden, daß dies auf zwei Ursachen zurückzuführen ist. Die erste ist im Abquetscheffekt zu suchen und die zweite ist auf das Auftrocknen von hochkonzentriertem Schaum auf dem Spinnkabelrand zurückzuführen. Der Schaum passierte vorwiegend die Randzonen der Abquetschwalze, wobei bei der ersten Messung eine extrem hohe Präparationsmittelkonzentration von 30,58 g/kg im Schaum nachgewiesen werden konnte. Die Konzentration im Schaum nimmt ebenso wie die Konzentration im Bad als Funktion der Zeit ab.

Über die Spinnkabellänge variieren die Präparationsmittelauflagen kurz- und langperiodisch (Bild 2). Die Ursachen dafür können wie folgt erklärt werden: Die Badkonzentration strebt einem Gleichgewichtszustand zu (Bild 3). Dieser wurde durch Überdosierung in der vorhandenen Anlage periodisch gestört. Innerhalb des Präparationsmittelbades waren die Konzentrationen an den Meßstellen sehr unterschiedlich. Eine reine mechanische Mitnahme der Präparationsmittelflotte durch das Spinnkabel lag nicht vor, vielmehr konnte eine gewisse Affinität zwischen der Präparationsmittelflotte und dem Fasermaterial festgestellt werden, so daß die Flottenaufnahme um den Affinitätsfaktor a größer als bei reiner mechanischer Mitnahme war.

Die zeitliche Abnahme der Badkonzentration kann wie folgt dargestellt werden [6]:

$$\frac{dK}{dt} = \frac{v}{V}(K_0 - a \cdot K_t).$$

Für einen konstanten Affinitätsfaktor a folgt weiter:

$$\frac{K_t}{K_0} = \frac{1}{a}\left[1 + (a - 1) \cdot e^{-(v/V) \cdot a \cdot t}\right].$$

Hierin bedeuten:

K_t Badkonzentration zur Zeit t in g/kg,
K_0 Badkonzentration am Anfang in g/kg,
V Flottenmasse im Badtrog in kg,
v nachdosierte bzw. vom Spinnkabel aufgenommene Flottenmasse in kg/h,
t Zeit in h,
a Affinitätsfaktor,
e Basis der natürlichen Logarithmen.

Bei $t \to \infty$ stellt sich Flottengleichgewicht ein; ferner ist für jeden Affinitätsfaktor a die Zeit bis zum Erreichen der Gleichgewichtskonzentration eine Funktion von V/v, woraus folgt, daß diese Zeit um so größer ist, je größer das Flottenvolumen im Badtrog ist. Jede Überdosierung vergrößert das Flottenvolumen und stört damit das Gleichgewicht im Bade.

8. *Zusammenfassung und Schlußfolgerungen*

Durch die Anwendung der Indikatoraktivierungsmethode konnte nachgewiesen werden, daß unter den gewählten Bedingungen

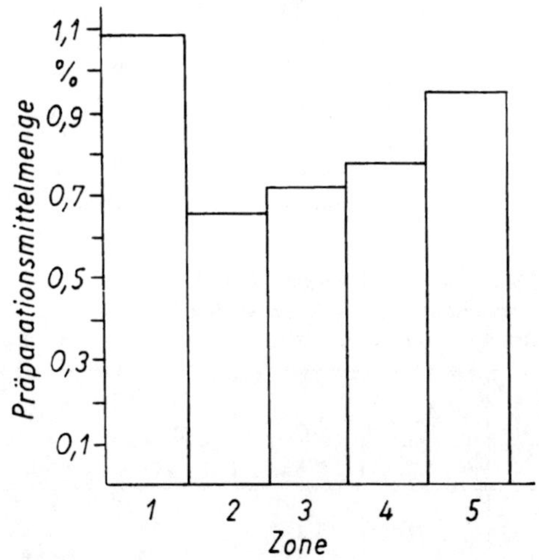

Bild 1. Präparationsmittelverteilung über den Spinnkabelquerschnitt

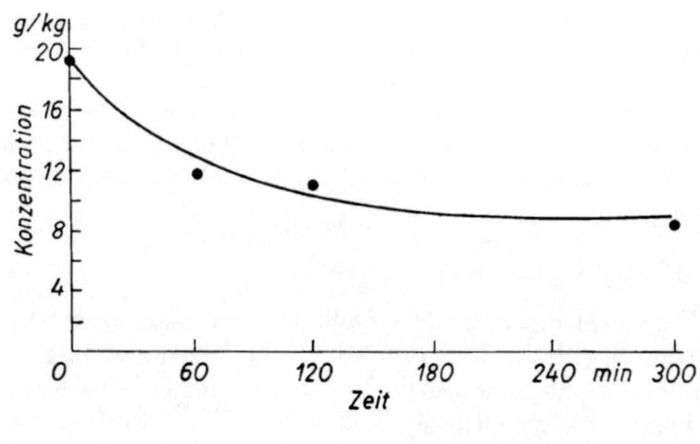

Bild 3. Abhängigkeit der mittleren Badkonzentration von der Zeit

— die Präparationsmittelverteilung über die Spinnkabellänge und den Spinnkabelquerschnitt nicht konstant ist,

— eine besonders starke Präparationsmittelkonzentration (vermutlich durch Anreicherung ungelöster Teilchen) sich im Schaum befindet, der teilweise die Abquetschwalzen passiert und eine der Ursachen für die ungleichmäßige Präparationsmittelverteilung darstellt, und

— im Präparationsmittelbad sich eine Gleichgewichtskonzentration einstellte, die durch Überdosierung gestört wurde.

Schlußfolgernd aus den Erkenntnissen dieser Versuchsreihen und den sie bedingenden Ursachen konnten Hinweise zum Erreichen einer gleichmäßigen Präparationsmittelverteilung auf dem Spinnkabel und zur Konstanthaltung der Präparationsmittelbadkonzentration gegeben werden.

Es sei erwähnt, daß ähnliche Untersuchungen auch an Viskosefasern (B-Typ) durch Markierung mit Uran durchgeführt wurden, die ebenfalls wertvolle technologische Erkenntnisse über die Präparierung von Viskosefaserstoffen erbrachten [8, 9].

9. *Literatur*

[1] *Ruppe, D.*: Diplomarbeit. Technische Universität Dresden 1968.

[2] *Schmidt-Küster, W. J.*, und *Wiesner, L.*: Anwendung radioaktiver Isotope in der Textilforschung und -technik. München: Thiemig Kg. 1964.

[3] *Dzelepov, B. S., Peker, L. K.*, und *Sergejev, V. O.*: Schemy Raspada Radioaktionych Jader. Szdatelstwo Akademii Nauk SSSR. Moskva, Leningrad 1963.

[4] *Girardi, F., Guzzi, G.*, und *Pauly, J.*: Data Handbook for Sensitivity Calculations in Neutron Activation Analysis. EUR 1898 e. Italien 1965.

[5] *Loos, G.*: Aktivierungsanalysen von WOLPRYLA- und Avivageproben. Meßprotokoll und Bericht des Zentralinstitutes für Kernforschung, Rossendorf 1968.

[6] Hexagon Digest, Imperial Chemical Industries Ltd., Dyestuffs Division. Deutsche Ausgabe Nr. 3, Mai 1956, S. 7—15.

[7] *Bobeth, W., Heger, A.*, und *Münch, H.*: Bestimmung von Avivagegleichmäßigkeit auf Viskoseseiden mitels ^{35}S-markierter Avivage. Faserforsch. u. Textiltechnik **14** (1963) 7, S. 281—285.

[8] *Dittrich, J.-H.*: Diplomarbeit. Technische Universität Dresden 1969.

[9] *Loos, G.*: Indikatoraktivierungsanalysen in Zellulosefaser- und Präparationsmittelproben. Untersuchungsbericht und Meßprotokoll des Zentralinstitutes für Kernphysik Rossendorf 1969.

Eingegangen am 3. April 1970

Über den Mannose- und Xylosegehalt in Fraktionen von Nadelholzcellulosen

Ivan Slávik, Ľudovít Kuniak und Mária Kučerová

Chemisches Institut der Slowakischen Akademie der Wissenschaften, Bratislava, ČSSR

DK 674.032.13:547.458.82:547.455.526:547.455.624:543.544:66.065.2

Fichtenholz-Holocellulose wurde als Nitrat fraktioniert, die Fraktionen wurden denitriert und nach totaler Hydrolyse papierchromatographisch auf Zuckerkomponenten untersucht. Dabei ergab sich eine ungleichmäßige Verteilung der Xylose- und Mannoseeinheiten in den Fraktionen derart, daß ihr Gehalt von den höchsten zu den mittleren Fraktionen bis auf Null fällt und dann wieder ansteigt. Diese Erscheinung wird u. a. als Einfluß der nativen micellaren Struktur gedeutet und mit den Ergebnissen von Versuchen an Laubholzcellulosen verglichen.

К вопросу о содержании маннозы и ксилозы в фракциях целлюлоз из древесины хвойных пород

Холоцеллюлоза еловой древесины подвергалась фракционированию по нитратному методу. В полученных фракциях после денитрования и полного гидролиза определялось содержание сахаров методом бумажной хроматографии. При этом наблюдалось неравномерное распределение ксилозы и маннозы в отдельных фракциях, причем содержание этих сахаров снижается до нуля от высокомолекулярных до средних фракций, а затем вновь возрастает. Для об'яснения этого явления, кроме других факторов, указывается на влияние природной структуры мицелл. Полученные результаты сопоставляются с таковыми соответствующих исследований древесины лиственных пород.

The Content of Mannose and Xylose in Soft Wood Cellulose Fractions

Softwood holocellulose was nitrated and separated into fractions which were, after denitration and complete hydrolysis, investigated by paper chromatography. The distribution of xylose and mannose was found to be irregular in that their amount from the highest to the middle fraction first decreased to zero and then rised again. This is suggested to be an effect of native micellar structure. The results are compared with those obtained with hard wood cellulose.

In unserer vorhergehenden Arbeit [1] haben wir Versuche zur Bestimmung von Xyloseeinheiten in Fraktionen von Laubholzcellulosen beschrieben. Die Fraktionen wurden nach Nitrierung durch sukzessive Fällung aus Acetonlösungen erhalten, denitriert und nach totaler Hydrolyse papierchromatographisch untersucht.

In der vorliegenden Fortsetzung dieser Arbeit haben wir Nadelholz-(Fichten-)Cellulosepräparate ebenso untersucht und außer Xylose auch den Gehalt an Mannose und Arabinose verfolgt.

In unserer Arbeit [1] haben wir festgestellt, daß die Xyloseeinheiten in den Fraktionen der Cellulose ungleichmäßig verteilt sind, in dem Sinne, daß der Xylosegehalt von den höchsten zu den mittleren Fraktionen sukzessive bis zum Nullwert fällt, um dann in den niedrigsten Fraktionen wieder anzusteigen. Darin unterscheiden sich unsere Ergebnisse von den Angaben in der Literatur [2, 3], nach denen der Xylosegehalt in den einzelnen Fraktionen gleichmäßiger sein sollte.

Wir haben nun versucht festzustellen, ob auch Nadelholzcellulosen einen derartigen Verlauf im Gehalt der Nichtglucosezucker aufweisen.

Tabelle 1: Celluloseproben

Probe: Bezeichnung	Probe: Beschreibung	Pentosane (Furfural) %	COOH mmol/100 g	Totale Hydrolyse, % auf Gesamtzucker: Glucose	Mannose	Xylose	Arabinose
—	Fichten-Holocellulose	6,68	62,40	76,20	14,58	7,26	1,96
HE	Dieselbe alkalisch extrahiert	3,29	30,90	77,40	17,79	4,0	0,81
HEM	MKC aus der Probe HE	1,20	13,50	87,95	10,73	1,32	0

Experimentelles

Celluloseproben: Für unsere Versuche haben wir Chlorit-Holocellulose aus Fichtenholz, mit Aceton extrahiert, verwendet. Ausbeute der Holocellulose: ca. 70%, Lignin: 0%.

Die Holocellulose haben wir mit 1 m NaOH 1 h in der Kälte extrahiert: Probe HE.

Aus dieser Probe wurde ein Teil für die Bereitung mikrokristalliner Cellulose (MKC) verwendet. Dazu wurde die Probe mit 2,5 m HCl 15 min am Rückflußkühler gekocht und mit Aceton entwässert: Probe HEM.

Die Zusammensetzung dieser drei Proben ist in Tabelle 1 angegeben.

Die *Nitrierung* erfolgte nach *Thinius* und *Thümmler* [4] mit einem Gemisch von 98%iger HNO_3 und Dichlormethan.

Die *Fraktionierung der Cellulosenitrate* wurde durch Fällung aus Acetonlösung mit Aceton/Wasser-Gemisch [5] durchgeführt. Der in Aceton unlösliche Anteil wurde durch Zentrifugieren abgetrennt und als separate Fraktion verarbeitet. Die nach dem Ausfällen der niedrigsten Fraktion verbleibende Lösung wurde abgedampft und der Rückstand als letzte Fraktion bezeichnet.

Der *Polymerisationsgrad der Fraktionen* wurde viskosimetrisch, im Viskosimeter nach *Ubbelohde* mit der Kapillare Nr. 1 bestimmt und nach der Gleichung von *Schulz* und *Blaschke* [6] berechnet.

Die *Denitrierung* erfolgte nach *Dorée* [7] mit Ammoniumsulfhydrat.

Totale Hydrolyse der denitrierten Proben: es wurde mit 72%iger H_2SO_4 3 h bei Raumtemperatur hydrolysiert, dann auf 4%ige H_2SO_4 verdünnt und 3 h am Rückflußkühler gekocht. Neutralisiert wurde mit Calciumcarbonat, das Filtrat wurde bei 45 °C unter vermindertem Druck abgedampft, filtriert und im Meßkolben auf Volumen aufgefüllt.

Chromatographie der Zucker: am Papier Whatman Nr. 1 im System Äthylacetat/Pyridin/Wasser, 8:2:1, mit Anilinphthalat detegiert. Die relativen Mengen der Zucker wurden densitometrisch ausgewertet.

Die *Pentosane* wurden durch Destillation mit 13% HCl mit Natriumchloridzusatz und durch Fällung eines aliquoten Anteiles des Destillates mit 2,4-Dinitrophenylhydrazin bestimmt [8].

Der *Carboxylgehalt* wurde nach *Samuelson* und *Wennerblom* [9] ermittelt.

Ergebnisse

Die Ergebnisse der Fraktionierung und Untersuchung der Fraktionen der Probe HE sind in Tabelle 2 enthalten. Das Nitrat war vollständig löslich in Aceton.

Der Xylosegehalt ist hier in den ersten Fraktionen bis auf nicht genau bestimmbare Spuren zurückgegangen, während in den letzten Fraktionen erhebliche Mengen an Xylose erscheinen. Die Mannose ist in den ersten Fraktionen in kleinen Mengen anwesend und erreicht in den letzten Fraktionen sehr hohe Werte. Arabinose ist nur in den zwei niedrigsten Fraktionen enthalten. Zwei mittlere Fraktionen enthalten als Zuckerkomponente nur Glucose.

Die Ergebnisse der Fraktionierung und Untersuchung der Fraktionen der Probe HEM sind in Tabelle 3 angegeben. Auch hier war das Nitrat vollständig acetonlöslich.

Tabelle 2. Menge der Fraktionen des Nitrats in % und % an Xylose, Mannose und Arabinose von den Gesamtzuckern. Probe HE, DP = 2030.

	Fraktion 1	2	3	4	5	6	7	8	9	10
Nitrat %	13,91	10,61	14,21	6,25	10,24	5,78	9,95	4,01	7,65	17,39
DP	3592	4014	3560	2792	1749	1041	488	248	216	198
Xylose %	Spuren	Spuren	Spuren	Spuren	0	0	0,68	5,64	10,0	10,29
Mannose %	1,85	1,35	1,26	0,99	0	0	33,91	59,15	51,37	24,58
Arabinose %	0	0	0	0	0	0	0	0	0,96	0,62

Tabelle 3. Menge der Fraktionen des Nitrats in % und % an Xylose und Mannose von den Gesamtzuckern. Arabinose nicht anwesend. Probe HEM, DP = 640.

	Fraktion 1	2	3	4	5	6	7	8	9	10	11
Nitrat %	10,57	11,01	9,92	7,97	6,72	4,77	6,44	8,12	7,36	13,42	13,70
DP	1931	1448	986	733	580	473	373	283	194	98	21
Xylose %	Spuren	Spuren	Spuren	Spuren		0	0	0,30	0,20	0,21	9,68
Mannose %	1,59	1,32	1,24	0,83		0	0	0,87	1,64	11,86	51,19

Xylose enthalten die ersten Fraktionen ungefähr in gleichen, nicht genau bestimmbaren Mengen wie bei der Probe HE; die letzten Fraktionen enthalten jedoch viel weniger Xylose, mit Ausnahme der letzten Fraktion, die durch Abdampfung der letzten Lösung gewonnen wurde. Der Gehalt an Mannose ist gegenüber HE in den ersten Fraktionen nur wenig abgefallen, in den letzten jedoch sehr stark, wieder mit Ausnahme der letzten Fraktion, bei der die Mannose überwiegt. Arabinose ist nicht anwesend. Auch hier sind zwei mittlere Fraktionen chromatographisch frei von Mannose und Xylose.

Es soll noch erwähnt werden, daß wir auch die ursprüngliche Holocellulose fraktioniert haben. Da es hier jedoch offensichtlich zu großen Verlusten durch Löslichkeit der niedrigen Fraktionen bei der Denitrierung gekommen ist, führen wir die Ergebnisse nicht an.

Nur soviel soll erwähnt werden, daß hier die mittlere Fraktion zwar frei von Xylose, nicht jedoch von Mannose gewesen sind, wobei sich im Mannosegehalt ein ähnliches Bild wie in der Arbeit von *Matsuzaki* und *Ward* [3] ergeben hat. Bei dieser Probe ist auch ein acetonunlöslicher Anteil erschienen.

Auswertung

Daß ein acetonunlöslicher Anteil des Cellulosenitrates nur bei der ursprünglichen Holocellulose vorhanden ist, nicht jedoch nach ihrer alkalischen Extraktion, bedeutet, daß durch die alkalische Extraktion die sauren Hemicellulosen entfernt wurden, die nach [10] die Acetonunlöslichkeit des Nitrates verursachen. Im Fichtenholz ist als saure Hemicellulose 4-0-Methyl-Glucuron-Arabinoxylan bekannt [11, 12]. Daß diese Hemicellulose bei der alkalischen Extraktion entfernt wird, geht aus dem niedrigeren Gehalt der extrahierten Probe an Xylose, Arabinose und Carboxylgruppen hervor; die Entfernung ist jedoch nicht vollständig (Tabelle 1).

Glucomannan wird bei der alkalischen Extraktion praktisch nicht ausgelöst, der höhere Prozentsatz an Mannose im Extraktionsrückstand HE entspricht fast genau der Masseabnahme.

Bei der partiellen Hydrolyse gehen die letzten Reste der Arabinose in Lösung, Xylose und Mannose werden in erheblichem Maße entfernt.

Wie bei den Laubholzcellulosen muß man auch hier als Ursache der Acetonunlöslichkeit auch strukturelle Eigenschaften in Betracht ziehen, d. h. die Überreste der nativen micellaren Struktur, welche die Nitrierbarkeit und die Dispergierbarkeit in Lösungsmitteln beeinflussen können.

Diese beiden Faktoren, d. h., die Reste der nativen micellaren Struktur und die Anwesenheit von sauren, wahrscheinlich auch verzweigten Hemicellulosen haben wir in unserer Arbeit [1] für die Ursache der Erscheinung gehalten, daß bei der Fraktionierung des Nitrates die ersten Fraktionen nicht den höchsten Polymerisationsgrad aufweisen. Der DP ist bei einer Probe bis zu der 3. Fraktion gestiegen und erst ab der 4. Fraktion regelmäßig abgefallen. Dieselbe Erscheinung wurde auch von *Matsuzaki* und *Ward* [3] beobachtet. Bei der Fichtenholz-Holocellulose HE haben wir dieselbe Erscheinung beobachten können. Bei dieser Probe ist jedoch der Gehalt an Xylose in den ersten Fraktionen so gering — Arabinose ist abwesend —, daß als Grund dieser Erscheinung nicht der Gehalt an Resten von sauren Hemicellulosen in den am wenigsten abgebauten Anteilen betrachtet werden kann, sondern es sind nur die Struktureigenschaften dieser Anteile mit der Erhaltung von Überresten der nativen micellaren Struktur, welche die Ausfällbarkeit aus der Lösung einerseits und die Beziehung zwischen Viskosität und DP andererseits beeinflussen.

Die Unlöslichkeit in Aceton und das Ausfällen von niedriger polymerisiertem Anteil in den ersten Fraktionen glauben wir in diesem Sinne auf dieselben Ursachen zurückführen zu können, wobei die Unterschiede in der Auswirkung von den Mengenverhältnissen abhängen.

Durch die alkalische Extraktion und noch mehr durch die partielle Hydrolyse wird einerseits die native micellare Struktur zerstört und andererseits der Gehalt an Hemicellulosen, besonders an den saueren Arabinoxylan, herabgesetzt, und als Folge verschwinden beide diese Erscheinungen.

Daß bei der ursprünglichen Holocellulose, wie erwähnt, die mittleren Fraktionen nicht frei von Mannose gewesen sind, wollen wir auch durch die Struktureigenschaften erklären. Infolge der Reste der nativen Struktur und Zusammensetzung ist es nicht zu einer eindeutigen Trennung der Makromoleküle nach ihrer Größe gekommen. Die Fällbarkeit der mittleren Fraktionen wurde nicht nur durch die Größe der Moleküle bestimmt, sondern auch durch die erhaltene micellare Struktur, die gleichzeitig auch die Anwesenheit von Resten an Hemicellulosen bedingt. Erst nach der Zerstörung der Struktur und nach der Entfernung der accesiblen Hemicellulosen wurde eine Fraktionierung nach der Molekülgröße ermöglicht, wobei die mittleren Fraktionen frei von Überresten der nativen chemischen Zusammensetzung, d. h. von Mannose und Xylose, gewesen sind.

Die Erscheinung, daß Xylose und Mannose in den höchsten und niedrigsten Fraktionen auftreten, während einige mittlere Fraktionen frei von diesen Zuckern sind, entspricht vollständig der Beobachtung bei Laubholzcellulosen [1], bei diesen allerdings nur hinsichtlich Xylose. Ein Unterschied in der Verteilung der Xylose in den Laub- und Nadelholzcellulosen besteht darin, daß die letzteren in den ersten, d. h. höchsten Fraktionen nur Spuren an Xylose enthalten, während die Laubholzcellulosen in einigen Fällen in diesen Fraktionen einen hohen Prozentsatz an Xylose enthalten haben. Mannose, die bei den Laubholzzellstoffen nur in der letzten, durch Abdampfen der mit Wasser nicht mehr fällbaren Lösung gewonnenen Fraktion erschienen ist, bildet hier einen bedeutenden Bestandteil der höchsten und besonders der niedrigsten Fraktionen. Arabinose ist nur in den zwei niedrigsten Fraktionen der Nadelholzholocellulose HE anwesend und fehlt in der Probe HEM sowie auch in allen ausgefällten Laubholzcellulosefraktionen.

Die Reste an Nichtglucosezucker, die nach den einzelnen Behandlungen in den Nadelholz-Cellulosepräparaten verbleiben, können folgendermaßen charakterisiert werden:

Die ursprüngliche Holocellulose enthält Glucomannan und 4-0-Methyl-Glucuron-Arabinoxylan als Haupt-

Hemicellulosekomponenten. Durch die alkalische Extraktion geht das Glucomannan praktisch nicht in Lösung, während das Arabinoxylan in großem Maße entfernt wird. Gleichzeitig gehen auch Anteile der niedrigsten Formen der Cellulose in Lösung.

Die verbleibenden Reste der Mannose sind in kleinerem Prozentsatz in den höchsten Fraktionen vorhanden, fehlen ganz in den mittleren Fraktionen und erreichen einen sehr hohen Gehalt in den niedrigst polymeren Anteilen, so daß diese ausschließlich aus Glucomannan zu bestehen scheinen, bis auf die letzte Fraktion, wo der Mannosegehalt wieder etwas zurückgegangen ist.

Das Arabinoxylan wird durch die alkalische Extraktion aus den höchsten Polymeren weitgehend entfernt, fehlt in den mittleren Fraktionen und häuft sich in den niedrigsten Fraktionen an.

Bei der partiellen Hydrolyse hat sich die Mannosekomponente in den höchsten Polymeren als sehr widerstandsfähig erwiesen und wurde in den niedrigen Fraktionen stark abgebaut, so daß in der letzten, niedrigsten Fraktion eine Anhäufung der Mannose zu beobachten ist. Auch die Xylose zeigt ein ähnliches Bild, bis auf das niedrigere Niveau ihres Gehaltes.

Es kann also gesagt werden, daß der hochpolymere Anteil der Nadelholz-Holocellulose Mannose- und Spuren von Xyloseeinheiten enthält, die in der Laugenlöslichkeit und Hydrolysierbarkeit dem 1,4-Polyglucan praktisch gleich sind. Daraus wollen wir schließen, daß die Mannose einerseits als individuelles, niedrig polymerisiertes Glucomannan in den zugänglichen Bereichen, andererseits als Bestandteil der hohen Moleküle und mit diesen eng verknüpft, in einer widerstandsfähigen Form zugegen ist. Das Arabinoxylan dagegen ist, bis auf unbedeutende Spuren der Xylosekomponente, nur in einer zugänglichen und leicht reagierbaren Form vertreten.

Für diese mit den Cellulosemakromolekülen eng verknüpften Anteile Mannose und Xylose käme die Möglichkeit in Betracht, daß diese Zucker in die Cellulosekette eingebaut sind. Für die Xylose, bei der es sich nur um Spuren handelt, ist der Fall weniger ausgesprochen, während bei der Mannose auch in der Literatur [13] die Möglichkeit der Existenz von Glucose/Mannose-Mischketten erwähnt wird.

Jayme und *Knolle* haben in ihrer Arbeit [14] angenommen, daß Holzmaterialien im Ausgangszustand Mischketten von Glucose mit anderen Zuckern enthalten können, daß jedoch bei der Hydrolyse diese Zucker bevorzugt in Lösung gehen und Bruchstücke reiner Cellulose hinterlassen. In unserer Arbeit [1] sind wir zu einer ähnlichen Erklärung für Laubholz gekommen, allerdings nur für Xylose zutreffend. Im Falle von Nadelholz verhält sich die Mannose ähnlich wie die Xylose im Laubholz.

Es soll noch erwähnt werden, daß Bruchstücke reiner Cellulose nicht nur bei der partiellen Hydrolyse, sondern auch schon bei der alkalischen Extraktion der Chlorit-Holocellulose entstehen.

Falls ein Nichtglucosezucker in der Kette des 1-4-Polyglucans einzelne eingebaute Glieder bildet, kann das bei Laubholzcellulosen nur die Xylose und bei Nadelholzcellulosen praktisch nur die Mannose sein. Ob dies tatsächlich der Fall ist, das erfordert noch weitere Beweise.

Zusammenfassung

Fichtenholz-Holocellulose wurde als Nitrat fraktioniert, und zwar einerseits direkt als solche, andererseits nach Extraktion mit 1 m NaOH und schließlich nach Überführung der alkalisch extrahierten Probe in mikrokristalline Cellulose. Die Fraktionen wurden denitriert und nach totaler Hydrolyse papierchromatographisch auf Zuckerkomponenten untersucht.

Im Nitrat der ursprünglichen Holocellulose ist ein acetonunlöslicher Rückstand vorgekommen, und alle Fraktionen enthielten Mannose. Nach der alkalischen Extraktion und in der mikrokristallinen Cellulose ist ein solcher Rückstand nicht mehr erschienen. Von diesen zwei Proben enthielten die höchsten Fraktionen Spuren an Xylose und mehr Mannose; je zwei mittlere Fraktionen waren frei von Xylose und Mannose, während die niedrigen Fraktionen große Mengen an beiden Zuckern enthielten.

Es wird angenommen, daß bei der ursprünglichen Holocellulose sich noch ein Einfluß der nativen micellaren Struktur geäußert hat. Weiter wird angenommen, daß in den untersuchten Präparaten sich die Nichtglucosezucker einerseits als individuelle Hemicellulosen befinden, andererseits als einzelne Xylose- bzw. Mannosemoleküle, eng verknüpft mit den Cellulosektetten.

Die Ergebnisse werden mit den Ergebnissen über Laubholzcellulosepräparate verglichen.

Literatur

[1] *Slávik, I.*, und *Kuniak, Ľ.*: Über den Gehalt an Xyloseeinheiten in Fraktionen der Cellulose. Papier **24** (1970) S. 271—274.

[2] *Centola, G.*: Irregularities in the constitution of cellulose. Ricerca Sci. **23** (1953) S. 1780—1784. Chem. Abstr. **48** (1954) 5485.

[3] *Matsuzaki, K.*, und *Ward, K.*: Fractionation of wood pulps and distribution of nonglucose components among fractions. Tappi, New York **40** (1957) S. 650—654.

[4] *Thinius, K.*, und *Thümmler, W.*: Beitrag zur polymeranalogen Umsetzung der Cellulose zu Cellulosenitrat. Makromol. Chemie **99** (1966) S. 117—125.

[5] *Mašura, V.*: Niektoré zlepšenia pri stanovení polymolekularity celulózy nitrátovou metódou. Chem. Zvesti (Chem. Bl.) **14** (1960) S. 707—716.

[6] *Schulz, G. V.*, und *Blaschke, F.*: Eine Gleichung zur Berechnung der Viskositätszahl für sehr kleine Konzentrationen. J. prakt. Chemie **158** (1941) S. 130—135.

[7] *Dorée, Ch.*: The methods of cellulose chemistry. London 1947. S. 241.

[8] *Kürschner, K.*: Ein rasches Verfahren zur quantitativen Pentosanbestimmung in Hölzern. Holzforschung **9** (1955) S. 129—140.

[9] *Samuelson, O.*, und *Wennerblom, A.*: Determination of carboxyl groups in cellulose. Svensk Papperstidn. **58** (1955) S. 713—716.

[10] *Virkola, N. E.*: Nitrates of dicarboxyl cellulose. Paperi ja Puu, Helsinki (Papier u. Holz) **40** (1958) S. 639—640.

[11] *Dutton, G. G. S.*, und *Smith, F.*: The constitution of the hemicellulose of western hemlock (Tsuga heterophylla). II. Hydrolysis of the methylated hemicellulose. J. amer. chem. Soc. **78** (1956) S. 3744—3748.

[12] *Hamilton, J. K.*, *Partlow, E. V.*, und *Thompson, N. S.*: The behaviour of wood hemicellulose during pulping. II. The structure of the 4-O-methylglucuronoxylan, araboxylan and xylan of southern pine pulps. Tappi, New York **41** (1958) S. 811—816.

[13] *Koshijima, T.*, *Kitao, K.*, und *Tachi, I.*: Mannose residues in dissolving pulp. Mokuzai Kenkyu **19** (1958) S. 19—28. Chem. Abstr. **52** (1958) 21085.

[14] *Jayme, G.*, und *Knolle, H.*: Über die Darstellung eines reinen Polyglucans aus Fichtenholzzellstoff und das Wesen „resistenter" Cellulose-Begleitpolysaccharide. Holz Roh- u. Werkstoff **23** (1964) S. 438—440.

Eingegangen am 30. März 1970

Zum Einfluß von Polymerisationsgrad, Substitutionsgrad und NaOH-Konzentration auf den zeitlichen Verlauf von Bildung und Zersetzung des Cellulosexanthogenats

Burkart Philipp, Horst Dautzenberg und Willi Schmiga
Deutsche Akademie der Wissenschaften zu Berlin, Institut für Faserstoff-Forschung in Teltow-Seehof und
VEB Chemiefaserkombinat Schwarza „Wilhelm Pieck" — Sächsisches Kunstseidenwerk „Siegfried Rädel" Pirna

DK 661.728.84:547.458.2:541.124:541.127.1:541.24:546.33—36:543.253

Mittels einer polarographischen Methode wurden für Glucose, Cellobiose, Oligomerengemische der Glucose mit verschiedenem DP und Cellulosen mit unterschiedlichem DP die Xanthogenatbildungs- und -zersetzungs-RGK ermittelt und der Einfluß von Polymerisationsgrad, Substitutionsgrad und OH′-Konzentration auf die Xanthogenatbildungs- und -zersetzungsgeschwindigkeit diskutiert.

О влиянии степени полимеризации и замещения, а также концентрации щелочи на кинетику образования и разложения ксантогената целлюлозы

Полярографическим методом определены константы скорости реакций образования и разложения ксантогенатов глюкозы, целлобиозы, смесей олигомеров глюкозы различной СП, а также целлюлоз различной СП. Исходя из полученных данных обсуждено влияние степени полимеризации и замещения, а также концентрации гидроксильных ионов на скорость реакций образования и разложения ксантогенатов.

Effect of the Degree of Polymerisation, Degree of Substitution and NaOH Concentration on the Time-dependent Formation and Decomposition of Cellulose Xanthate

The rate constants of formation and decomposition of xanthates have been determined by polarography with glucose, cellobiose, mixtures of glucoses having different DP and celluloses of different DP. The effects of the degree of polymerisation, degree of substitution and OH′ concentration on the rate constants are discussed.

1. *Einführung*

In früheren Publikationen [1] hatten wir über den zeitlichen Verlauf der Bildung und Zersetzung niedermolekularer Xanthogenate unterschiedlicher chemischer Konstitution berichtet, wobei wir die Acidität der Hydroxylgruppen und die Nucleophilie des Alkoxyanions als maßgebende Faktoren für die Xanthogenatbildung herausgestellt und das Quasigleichgewicht

$$ROH + OH' + CS_2 \underset{k_{Dex}}{\overset{k_x}{\rightleftharpoons}} ROCSS' + H_2O$$

zur Abschätzung einer sogenannten Stabilitätskonstanten herangezogen hatten, ohne zunächst auf andere mögliche Zersetzungsreaktionen [2] einzugehen. Bei der Übertragung dieser Erkenntnisse auf das Cellulosemolekül als polymerem Alkohol mit OH-Gruppen unterschiedlicher Reaktivität im Glucosering erhebt sich einmal die Frage nach dem Einfluß des Polymerisationsgrades der Ketten und des zu Beginn der Messung vorliegenden Substitutionsgrades an Xanthogenatgruppen, zum anderen die Frage nach der Änderung der Bildungsgeschwindigkeit für die Xanthogenatgruppen in den verschiedenen Positionen mit steigender NaOH-Konzentration. Unter Mitheranziehung eigener [1, 3, 4] und fremder [5 bis 9] bereits veröffentlichter Ergebnisse sollen im folgenden diese Fragen anhand einiger jetzt durchgeführter Versuchsreihen besprochen werden.

2. *Bemerkungen zur Versuchsmethodik*

Zur Ermittlung der Geschwindigkeit der Xanthogenatbildung wie auch der unter CS_2-Abspaltung verlaufenden Zersetzung bedienten wir uns der bereits beschriebenen polarographischen Methodik zur Messung der Konzentrationsänderung an freiem CS_2 [1, 3, 4]. Sofern nicht anders vermerkt, führten wir die Untersuchungen im homogenen System durch. Bei Einsatz langkettiger Cellulose wurde von entsprechend weit anxanthogenierten Produkten ausgegangen, während aus Regeneratfäden hergestellte LODP-Cellulose [10] vom DP 38 und einige durch Hydrolyse erhaltene Oligomerengemische der Cellulose mit dampfdruckosmometrisch bestimmten DP-Werten von 1,4, 2,7 und 3,8 unmittelbar in Natronlauge entsprechender Konzentration gelöst wurden.

3. *Versuchsergebnisse und ihre Auswertung*

3.1. *Einfluß des Polymerisationsgrades auf die Geschwindigkeit von Xanthogenierung und Dexanthogenierung*

Die Ergebnisse sollen anhand der Tabelle 1 besprochen werden, wobei für die Xanthogenatbildung ein über sämtliche OH-Gruppen gemittelter RGK-Wert $\bar{k}_{x_a}$ angegeben wird, während für die Xanthogenatzersetzung in bereits beschriebener Weise (z. B. [1, 3, 4, 11, 12]) eine Aufschlüsselung nach $_6k_{Dex}$ und $_{2\cdots4}k_{Dex}$ vorgenommen wurde.

Ausgehend von der monomeren Glucose, sinkt die Xanthogenatbildungs-RGK $\bar{k}_{x_a}$ mit steigendem DP zunächst erheblich, bleibt dann jedoch etwa ab DP = 4

Tabelle 1. Einfluß des Polymerisationsgrades auf die Xanthogenatsbildungs- und Dexanthogenierungs-RGK beim Übergang von der Glucose zur Cellulose

Substanz	DP	$\bar{k}_{x_a}$ min⁻¹ l² mol⁻²	$10^5 \cdot {}_{2\cdots4}k_{Dex}$ bzw. $_{2,3}k_{Dex}$ min⁻¹	$10^5 \cdot {}_6k_{Dex}$ min⁻¹
Glucose	1	1,94	337	42
Oligomerengemisch A	1,4	1,74	—	—
Cellobiose	2	1,65	422	43
Oligomerengemisch B	2,7	1,39	—	—
Oligomerengemisch C	3,8	1,10	522	33
LODP-Cellulose	38	1,05	560	30
Cellulose	330	1,03	510	30
	400	—	540	30

$\bar{k}_{x_a}$ — ermittelt in 0,5 n NaOH bei 20 °C und bezogen auf 1 Grundmol
k_{Dex} — ermittelt bei 20 °C, pH = 8,5 und der Ionenstärke 1

weitgehend konstant. Auch hinsichtlich der Xanthogenierungsgeschwindigkeit zeigt das Xanthogenat des Oligomerengemisches C ($DP_n = 3{,}8$) schon praktisch das Verhalten eines langkettigen Cellulosexanthats, so daß offensichtlich bereits die Cellotetraose als ein recht brauchbares Modell für Cellulose in bezug auf die Xanthogenierungsreaktion anzusehen ist. Eine triviale Ursache für das Absinken der Xanthogenierungs-RGK $\bar{k}_{x_a}$ ist natürlich die Abnahme der mittleren Anzahl xanthogenierbarer OH-Gruppen je Grundbaustein mit zunehmender Länge der Glucankette, wobei die Verringerung der Anzahl an vermutlich besonders rasch reagierenden Halbacetalgruppen (vgl. [1]) offenbar besonders stark ins Gewicht fällt. Daneben muß man jedoch wahrscheinlich eine Änderung von Acidität und/oder Nucleophilie im DP-Bereich 1 bis 4 in Betracht ziehen. Ein Anstieg von ${}_{2\cdots4}k_{\mathrm{Dex}}$ bzw. ${}_{2,3}k_{\mathrm{Dex}}$ mit zunehmender Blockierung der Halbacetalgruppe am C_1-Atom wurde von uns in einer früheren Arbeit [1] bereits für die Reihe Glucose — Cellobiose — Cellulose — β-Methylglucosid gefunden. Diese Ergebnisse stehen im Einklang mit den hier erhaltenen, bei denen gleichfalls mit abnehmendem Anteil der C_1-OH-Gruppe an der Summe aller alkoholischen Hydroxyle im Molekül die für die vicinalen Xanthogenatgruppen beobachtete Zersetzungsgeschwindigkeit steigt. Als mögliche Ursache hierfür ist das Auftreten von zusätzlichen Glykoläthergruppierungen $-O-C_1-C_2-OH$ am C_2-Atom anzusehen. Für eine am C_2-Atom befindliche Xanthogenatgruppe würde dadurch eine Beschleunigung des Xanthogenatzerfalls [1] herbeigeführt. Die Zersetzungsgeschwindigkeit der primären Xanthogenatgruppe wird mit steigendem Polymerisationsgrad bis zum $DP \approx 4$ um ca. 30% erniedrigt, was mit einer zunehmenden Acidität der Hydroxylgruppen am C_6-Atom erklärt werden könnte, die sich jedoch bisher experimentell nicht nachweisen läßt.

3.2. *Zum Einfluß des Substitutionsgrades auf die Geschwindigkeit von Xanthogenierung und Dexanthogenierung*

Den Einfluß bereits vorhandener Xanthogenatgruppen auf die Geschwindigkeit der Xanthogenatbildung an den noch freien OH-Gruppen untersuchten *Andersson, Samuelson* und *Törnell* [9]. Sie fanden mit steigendem γ-Wert eine Abnahme von k_{x_a} sowohl für die beiden sekundären wie auch für die primäre Hydroxylgruppe. In Übereinstimmung mit unseren an modifizierten Cellulosen, insbesondere an carboxylgruppenreichen Präparaten [4], erhaltenen Ergebnissen darf man wohl in erster Linie eine Verringerung des Dissoziationsgrades der noch freien OH-Gruppen durch die bereits in die Kette eingeführten anionischen Gruppen für diese Abnahme von $\bar{k}_{x_a}$ verantwortlich machen. Daneben wäre auf Grund jetzt begonnener Untersuchungen zur Xanthogenierung von Polyvinylalkohol [13] auch eine Behinderung des Einbaues weiterer großvolumiger Xanthogenatgruppen durch die bereits vorhandenen in Betracht zu ziehen. Im Gegensatz zur RGK der Xanthogenatbildung ist die der Dexanthogenierung in einem weiten Bereich unabhängig vom Substitutionsgrad. Wie von *Samuelson* [9] und von uns übereinstimmend festgestellt wurde, gilt dies gleichermaßen für ${}_{2,3}k_{\mathrm{Dex}}$ und für ${}_{6}k_{\mathrm{Dex}}$ bei γ-Werten zwischen ≈ 20 und ≈ 140. Für die Umsetzung zwischen einer Xanthogenatgruppe bestimmter Position und einer H_2O-Molekel spielt es also offensichtlich keine Rolle, ob im gleichen oder in den benachbarten Glucoseresten weitere Xanthogenatgruppen oder ausschließlich freie Hydroxylgruppen vorliegen.

3.3. *Einfluß der NaOH-Konzentration auf die Geschwindigkeit der Cellulosexanthogenatbildung*

Unter homogenen Bedingungen liegen hierzu bisher nur Messungen von *Andersson, Samuelson* und *Törnell* [9] vor, die mit der von ihnen entwickelten spektralphotometrischen Methodik im Bereich zwischen 0,4 n und 3 n NaOH einen Anstieg der Xanthogenierungs-RGK mit [OH′] feststellten, der für die Umsetzung an den primären Hydroxylgruppen wesentlich steiler war als für die an den sekundären. Die von *Samuelsson* u. Mitarb. definierte „Xanthogenierungs-RGK" entsprach dabei dem Produkt aus Hydroxylionenkonzentration und unserem „k_{x_a}" (vgl. [1, 4]). Bild 1 zeigt die mit unserer polarographischen Methode unter Einsetzen der analytischen Ausgangskonzentrationen $[OH]_a$ und $[Cell\text{-}OH]_a$ erhaltene mittlere scheinbare Xanthogenierungs-RGK $\bar{k}_{x_a}$ in Abhängigkeit von $[OH]_a$. Die eingezeichnete Kurve berücksichtigt sowohl Messungen an LODP-Cellulose (Ausgangs-γ-Wert = 0), die ab $[OH']_a = 0{,}4$ mol/l homogen gelöst, bei niedriger NaOH-Konzentration nur stark gequollen vorlag, als auch an xanthogenierter und dadurch in Lösung gebrachter, langkettiger Cellulose, wobei sich offensichtlich keine signifikanten Abweichungen von einem glatten Kurvenzug ergeben, das hochgequollene Material also in gleicher Weise wie gelöstes reagiert und auch eine geringe Anzahl bereits vorhandener Xanthatgruppen in C_6-Stellung die weitere Xanthogenierung noch nicht wesentlich beeinflußt (vgl. [9]). Die nach entsprechender Umrechnung mit eingetragenen Meßwerte von *Samuelson* u. Mitarb. [9] stimmen bei höherer [OH′] befriedigend mit unseren überein; stärkere Abweichungen bei niedriger Laugenkonzentration führen wir vor allem auf eine unterschiedliche Korrektur für die parallel ablaufende Dithiocarbonatbildung [1, 9, 14] bei den recht verschiedenartigen Methodiken zurück. Zur Aufschlüsse-

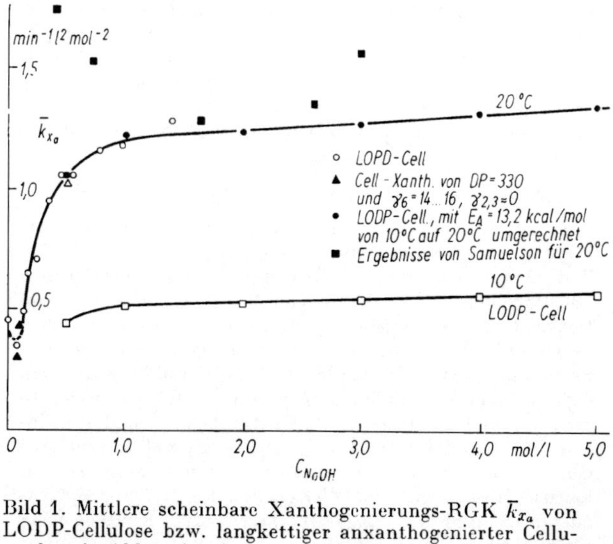

Bild 1. Mittlere scheinbare Xanthogenierungs-RGK $\bar{k}_{x_a}$ von LODP-Cellulose bzw. langkettiger anxanthogenierter Cellulose in Abhängigkeit von der NaOH-Konzentration

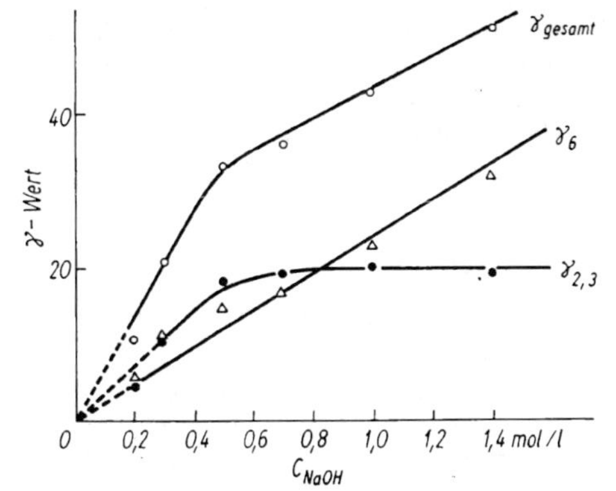

Bild 2. γ-Wertverteilung im Glucosering nach 1 h heterogener Xanthogenierung von LODP-Cellulose (0,05 mol/l) bei 20 °C und einer Ionenstärke $I = 1{,}5$ in Abhängigkeit von der angewendeten NaOH-Konzentration

lung des mittleren Wertes $\bar{k}_{x_a}$ auf Einzel-RGK für primäre und sekundäre OH-Gruppen ermittelten wir wie *Samuelson* u. Mitarb. [9] die Substituentenverteilung nach Xanthogenierung von LODP-Cellulose unter definierten Reaktionsbedingungen bei unterschiedlicher Laugenkonzentration:

Temp. = 20 °C t = 60 min

$[\text{Cell}]_a = 0{,}05$ Grundmol/l $[\text{Cell-OH}_6]_a = 0{,}05$ mol/l

$[\text{Cell-OH}_{2.3}]_a = 0{,}1$ mol/l.

Die in Bild 2 und 3 zusammengefaßten Ergebnisse bestätigen den von *Samuelson* u. Mitarb. [9] gefundenen Anstieg des Quotienten $\gamma_6/\gamma_{2.3}$ mit der Laugenkonzentration im Bereich $[\text{NaOH}] \geqq 0{,}6$ mol/l, während bei niedriger Laugenkonzentration $\gamma_6/\gamma_{2.3}$ annähernd konstant bleibt und beträchtlich unter dem Wert 1 liegt, hier also die Xanthogenierung der sekundären Gruppen begünstigt ist. Die durch die Gleichungen

$$\frac{d[X']_6}{dt} = {}_6k_{x_a}\,[\text{Cell-OH}_6]_a\,[\text{OH}']_a\,[\text{CS}_2]$$

$$\frac{d[X']_{2.3}}{dt} = {}_{2.3}k_{x_a}\,[\text{Cell-OH}_{2.3}]_a\,[\text{OH}']_a\,[\text{CS}_2]$$

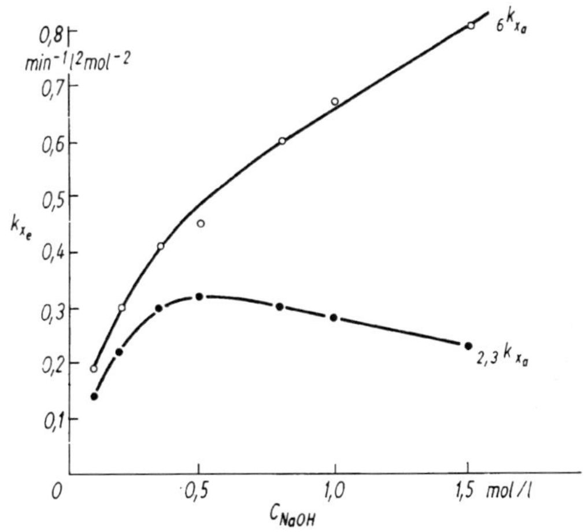

Bild 4. Einzel-RGK-Werte ${}_6k_{x_a}$ und ${}_{2,3}k_{x_a}$ (ermittelt aus den Angaben von Bild 1 und 3) in Abhängigkeit von der NaOH-Konzentration

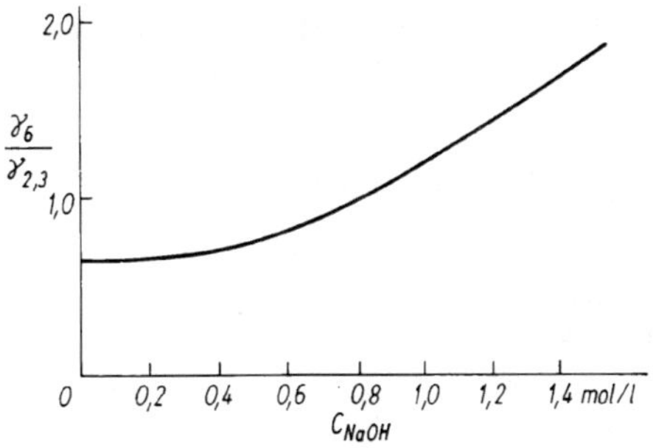

Bild 3. Abhängigkeit des aus Bild 2 ermittelten Quotienten $\gamma_6/\gamma_{2,3}$ von der bei der Xanthogenierung angewendeten NaOH-Konzentration

definierten Einzel-RGK erhielten wir in Abhängigkeit von $[\text{OH}']_a$ aus dem für die jeweilige Laugenkonzentration ermittelten $\bar{k}_{x_a} = {}_6k_{x_a} + 2\,{}_{2.3}k_{x_a}$ (Bild 1) und dem zugehörigen Quotienten $\gamma_6/\gamma_{2.3}$, wobei wir uns über den Näherungscharakter der verwendeten Beziehungen ${}_6k_{x_a}/\bar{k}_{x_a} = \gamma_6/\gamma_{\text{ges}}$ und $2\,{}_{2.3}k_{x_a}/\bar{k}_{x_a} = \gamma_{2.3}/\gamma_{\text{ges}}$ durchaus im klaren sind, da die γ-Wert-Verteilung stets bei einem erheblichen Gesamtsubstitutionsgrad zwischen $\gamma = 10$ und 50, $\bar{k}_{x_a}$ dagegen bei $\gamma < 1$ bestimmt wurde.

Auch die in Bild 4 wiedergegebenen Einzel-RGK ${}_6k_{x_a}$ und ${}_{2.3}k_{x_a}$ weisen wieder auf eine mit der Laugenkonzentration zunehmende Bevorzugung der Hydroxylgruppe am C-Atom 6 bei der Xanthogenierung hin. Daß im Bereich $0{,}2\ \text{mol/l} < [\text{OH}] < 0{,}6\ \text{mol/l}$ γ_6 *unter* $\gamma_{2.3}$, ${}_6k_{x_a}$ dagegen auch hier *über* ${}_{2.3}k_{x_a}$ liegt, erklärt sich zwanglos aus der in die Berechnung eingehenden doppelten Anzahl sekundärer Hydroxylgruppen pro Glucosering im Vergleich zu den primären. Orientierende Messungen bei sehr niedrigen Laugenkonzentrationen deuten darauf hin, daß im Bereich $[\text{OH}] < 0{,}1$ mol/l ${}_6k_{x_a}$ nicht weiter abnimmt, sondern eher eine ansteigende Tendenz aufweist.

Während die Größen $\bar{k}_{x_a}$, ${}_6k_{x_a}$ und ${}_{2.3}k_{x_a}$ aus unseren Meßdaten weitgehend voraussetzungsfrei bestimmt werden konnten, erfordern Überlegungen zum Zusammenhang zwischen k_{x_a} (bestimmt unter Zugrundelegung der analytischen Ausgangskonzentrationen $[\text{Cell-OH}]_a$ und $[\text{OH}']_a$), k_x (scheinbare Xanthogenierungs-RGK unter Zugrundelegung der tatsächlichen Konzentrationen $[\text{Cell-OH}]_{\text{eff}}$ und $[\text{OH}']_{\text{eff}}$ bei Berücksichtigung des Gleichgewichts

$$\text{Cell-OH} \rightleftharpoons \text{Cell-O}' + \text{H}^{\cdot})$$

und der durch die Beziehung $k_x' = k_x \cdot K_W/K_{\text{Diss}}$ definierten wahren Xanthogenierungs-RGK k_x' (vgl. [1]) zusätzlich die Kenntnis der Dissoziationskonstanten K_{Diss} der Hydroxylgruppen bzw. des Dissoziationsgrades α. Auf Grund der Beziehungen

$$k_{x_a}\,[\text{ROH}]_a\,[\text{OH}']_a = k_x\,[\text{ROH}]_{\text{eff}}\,[\text{OH}']_{\text{eff}},$$

$$[\text{ROH}]_{\text{eff}} \leqq [\text{ROH}]_a; \quad [\text{OH}']_{\text{eff}} \leqq [\text{OH}]_a,$$

$$\alpha = [\text{RO}']/([\text{RO}'] + [\text{ROH}]_{\text{eff}}) = [\text{RO}']/[\text{ROH}]_a,$$

$$k_x = k_{x_a} \cdot \frac{1}{1-\alpha} \cdot \frac{1}{\left(1 - \alpha\,\dfrac{[\text{ROH}]}{[\text{OH}']_a}\right)}$$

gilt $k_{x_a} \leqq k_x$, wobei die Differenz zwischen beiden Größen mit steigendem α wächst. Soll aber k_x — wie bei unseren kinetischen Betrachtungen [1] vorausgesetzt und für niedermolekulare Alkohole experimentell bestätigt — eine das System charakterisierende, in einem weiten Bereich von [ROH] und [OH'] unabhängige RGK sein, so muß k_{x_a} mit steigender [OH'] abnehmen, sobald eine merkliche Dissoziation von ROH erfolgt. Für 0,1 mol/l $<$ $[OH]_a$ $<$ 1 mol/l ist das der Fall, wenn K_{Diss} einen Wert von etwa 10^{-15} überschreitet. Für Cellulose wurde aus Quellungsmessungen [15, 16] ein K_{Diss} von 0,5 bis $1{,}5 \cdot 10^{-14}$ erhalten, aus unserem seinerzeit veröffentlichten Diagramm [1] k_{Dex} versus K_{Diss} würde sich ergeben $_6K_{Diss} \approx 3 \cdot 10^{-15}$, $_{2,3}K_{Diss} \approx 5 \cdot 10^{-14}$ und damit vor allem für die sekundären OH-Gruppen im Bereich 0,1 mol/l $<$ $[OH']_a$ $<$ 1 mol/l ein starker Anstieg des Dissoziationsgrades von $\approx$ 0,3 auf $\approx$ 0,8 bzw. aus den durch Quellungsmessungen erhaltenen Daten von $\approx$ 0,1 auf $\approx$ 0,5, wenn man den Polyelektrolytcharakter der Kette für eine erste Abschätzung zunächst unberücksichtigt läßt. Eine Umrechnung unserer gemessenen Werte von $\bar{k}_{x_a}$, $_6k_{x_a}$ und $_{2,3}k_{x_a}$ auf $\bar{k}_x$, $_6k_x$ und $_{2,3}k_x$ in Abhängigkeit von [OH'] ergäbe unter diesen Voraussetzungen keine Konstanz, sondern vielmehr einen starken Anstieg der scheinbaren Xanthogenierungs-RGK mit der Laugenkonzentration, wobei für [OH'] $>$ 0,5 m $_6k_x$ wiederum höher als $_{2,3}k_x$ wäre, beide Werte jedoch in der gleichen Größenanordnung lägen. In Übereinstimmung mit Beobachtungen anderer Autoren [17] sehen wir die Ursache für den Anstieg von k_x mit [OH'] in einem zunehmenden Aufbrechen von intramolekularen Wasserstoffbrücken entlang der einzelnen Glucosekette und einer dadurch hervorgerufenen Beschleunigung der Xanthogenatbildung. Eine Abschätzung der „wahren Xanthogenierungs-RGK" k_x' aus den k_x-Werten würde für die sekundären Hydroxylgruppen (Mittelwert) entsprechend deren höherer mittlerer Acidität zu einem im Vergleich zur primären OH-Gruppe um etwa eine Zehnerpotenz niedrigeren Wert führen.

4. *Schlußfolgerungen*

Mittlere Xanthogenierungs-RGK $\bar{k}_{x_a}$ und die Einzel-RGK der Dexanthogenierung $_6k_{Dex}$ und $_{2,3}k_{Dex}$ sind in einem weiten Bereich unabhängig von der Kettenlänge der Cellulose; schon die Cellotetraose erweist sich hierbei als brauchbares Modell für das Cellulosemakromolekül. Bereits in der Cellulosekette vorhandene Xanthogenatgruppen verringern nach Ergebnissen von *Samuelson* u. a. [9] die RGK der weiteren Xanthogenierung, während k_{Dex} innerhalb weiter Grenzen vom Substitutionsgrad unabhängig ist. Mit steigender Laugenkonzentration nimmt $\bar{k}_{x_a}$ zwischen 0,1 m und 0,5 m NaOH steil, dann nur noch langsam zu, woraus sich nach Aufschlüsselung auf die Einzel-RGK für $_6k_{x_a}$ ein stetiger Anstieg, für das im ganzen Bereich niedriger liegende $_{2,3}k_{x_a}$ ein flaches Maximum in Abhängigkeit von [OH'] ergibt. Eine Umrechnung auf „scheinbare Xanthogenierungs-RGK k_x" führt demzufolge nicht zu der bei formaler Anwendung der Homogenkinetik zu erwartenden Konstanz, sondern zu einem Ansteigen der k_x-Werte mit der Laugenkonzentration zwischen 0,1 und 1 m, dessen Ursache in einem Aufbrechen intramolekularer H-Brücken und einer dadurch hervorgerufenen Beschleunigung der Xanthogenierung gesehen wird.

Literatur

[1] *Philipp, B., Dautzenberg, H.*, und *Schmiga, W.*: Zur Kinetik der Xanthogenatbildung und -zersetzung bei einigen niedermolekularen Alkoholen und einfachen Zuckern. 1. Mitt. Versuchsmethodik sowie Ergebnisse zur Xanthogenierung. 2. Mitt. Ergebnisse zur Xanthogenatzersetzung und zusammenfassende Diskussion. Faserforsch. u. Textiltechnik **20** (1969) 3, S. 111—117; 4, S. 179—184.

[2] *Dautzenberg, H.*, und *Philipp, B.*: Untersuchungen zu Kinetik und Mechanismus der Zersetzung von Xanthogenaten in wäßrig-alkalischer Lösung. Z. physik. Chemie (1970) im Druck.

[3] *Bär, H. J., Dautzenberg, H.*, und *Philipp, B.*: Kinetische Untersuchungen zur Umxanthogenierung von Cellulosexanthogenat. Faserforsch. u. Textiltechnik **17** (1966) 12, S. 551—558.

[4] *Philipp, B., Dautzenberg, H.*, und *Schmiga, W.*: Kinetische Untersuchungen zur Xanthogenatbildung und -zersetzung bei chemisch modifizierten Cellulosen und bei Hemicellulosen. Faserforsch. u. Textiltechnik **20** (1969) 12, S. 573—577.

[5] *Andersson, L.*, und *Samuelson, O.*: Ripening of viscose. 8. Stoichiometry and kinetics of dexanthation. Svensk Papperstidn. **70** (1967) 18, S. 567—570.

[6] *Elmgren, H.*: The dexanthation rate constant in terms of activation energies, the individual dissociation constants of the cellulose hydroxyls, and the extinction coefficient of the xanthate group. Svensk Papperstidn. **70** (1967) 3, S. 78—83.

[7] *Andersson, L.*, und *Samuelson, O.*: Influence of some parameters upon the rexanthation during viscose ripening. Cellulose Chem. Technology, Jassy/Rum. **2** (1968) 3, S. 305—310.

[8] *Andersson, L.*, und *Samuelson, O.*: Ripening of viscose. 9. Kinetics of rexanthation. Svensk Papperstidn. **71** (1968) 20, S. 727—730.

[9] *Andersson, L., Samuelson, O.*, und *Törnell, B.*: Kinetics of the formation of cellulose xanthate in homogeneous medium. Makromol. Chemie **119** (1968) S. 133—139.

[10] *Nelson, M. L.*, und *Tripp, V. W.*: Determination of the leveling-off degree of polymerisation of cotton and rayon. J. Polymer Sci. **10** (1953) S. 577—586.

[11] *Lyselius, A.*, und *Samuelson, O.*: Ripening of viscose. 3. Kinetics. Svensk Papperstidn. **64** (1961) S. 815—818.

[12] *Dunbrant, St.*, und *Samuelson, O.*: Ripening of viscose. 4. Distribution of xanthate groups and kinetics. Tappi, New York **46** (1963) S. 520—523.

[13] *Philipp, B., Dautzenberg, H.*, und *Hartmann, M.*: Untersuchungen zur Kinetik der Xanthogenatbildung und -zersetzung an Polyvinylalkohol. Faserforsch. u. Textiltechnik in Vorbereitung.

[14] *Dautzenberg, H.*, und *Philipp, B.*: Zur Kinetik der Additionsreaktion zwischen CS_2 und verschiedenen Anionen unter besonderer Berücksichtigung ihrer Abhängigkeit von der Hydroxylionenkonzentration. Faserforsch. u. Textiltechnik **20** (1969) 5, S. 213—218.

[15] *Neale, S. M.*: The swelling of cellulose and its affinity relations with aquous solutions. J. Textile Inst. **20** (1929) S. 373—399.

[16] *Pennings, A. J.*, und *Prins, W.*: The polyelektrolytic nature of cellulose gels in alkali solutions. J. Polymer Sci. **58** (1962) S. 229—248.

[17] *Elmgren, H.*: The position of intramolecular hydrogen bonds, and their effect on the conformation of cellulose. J. chim. Physique **65** (1968) S. 206—210.

Eingegangen am 11. März 1970

Dielektrische Feuchtebestimmung an Polyamidseide-Spinnspulen

Horst Henkel

VEB Chemiefaserkombinat Schwarza „Wilhelm Pieck", Rudolstadt

DK 677.494.675'126:677.494.051.71:537.226.083:543.713:658,562

Die theoretischen Grundlagen sowie die experimentelle Erprobung eines dielektrischen Meßverfahrens zur Feuchtebestimmung an PA-S-Spinnspulen werden dargelegt. Die Meßmethode arbeitet zerstörungsfrei und liefert den mittleren Feuchtegehalt des gesamten Wickelkörpers. Sie eignet sich als Schnellmeßmethode für die Betriebskontrolle in den Chemiefaserwerken.

Определение влажности паковок полиамидной филаментной нити в виде бобин диэлектрическим методом

Изложены теоретические основы диэлектрического метода определения влажности паковок полиамидной филаментной нити и описана его экспериментальная проверка. Предложенный метод дает среднюю влажность всей паковки без разрушения ее. Он пригоден в качестве экспресс-метода для контроля производства на заводах химических волокон.

Dielectric Moisture Determination of Polyamide Filaments on Spinning Bobbins

Theory and tests of a dielectric method for determining the moisture of polyamide filament yarns on spinning bobbins are described. The method allowing to measure the mean moisture content without destroying the filament can be used for rapid determination on industrial scale.

1. *Einleitung*

Die Höhe und die Gleichmäßigkeit des Feuchtegehaltes der Spinnspulen ist für die Qualität der Polyamidseide von großer Bedeutung. Schwankt der Feuchtegehalt längs des Fadens infolge von Unregelmäßigkeiten bei der Wasserdosierung an der Präparierscheibe oder infolge eines Feuchteaustausches zwischen dem Wickelkörper und der Umgebungsluft, so treten beim Reckprozeß der Fäden Deformationsschwankungen auf. Unter ungünstigen Bedingungen setzt die Deformation kurzzeitig nahezu vollständig aus. Die hierdurch im Faden entstehenden Dickstellen, in der Chemiefaserproduktion T-Masern genannt, führen zu einer erheblichen Qualitätsminderung der Polyamidseide [1 bis 4]. Unterschiede im Feuchtegehalt der Spinnspulen verursachen auch Unterschiede in der übermolekularen Struktur der Fäden. Eine gefürchtete Folgeerscheinung dieser Strukturungleichmäßigkeiten sind besipielsweise Farbstreifigkeiten in den Fertigwaren.

Die Höhe des Feuchtegehaltes hat weiterhin einen entscheidenden Einfluß auf die Güte des Wickelaufbaues und damit auf das Auf- und Abspulverhalten der Seide.

Die Befeuchtung der Spinnfäden erfolgt in der Regel durch einen Kontakt des laufenden Fadens mit einer rotierenden Präparierscheibe. Die hierbei dem Faden zugeführte Wasser- bzw. Emulsionsmenge ist von folgenden Faktoren abhängig:

Fadenlaufgeschwindigkeit,
Zahl und Stärke der Elementarfäden,
Fadentemperatur,
Fadenstruktur,
Kontaktwinkel zwischen Faden und Präparierscheibe,
Netzfähigkeit und Temperatur der Emulsion,
Umdrehungsgeschwindigkeit der Präparierscheibe und Dicke der Emulsionsschicht auf der Präparierscheibe.

Außerdem können Absprüh- und Verdunstungseffekte den Feuchtegehalt der Spinnspulen verändern.

Ein Teil der aufgeführten Faktoren läßt sich unter Produktionsbedingungen z. Z. noch nicht ausreichend unter Kontrolle halten. Es ist deshalb erforderlich, den Feuchtegehalt der Spinnspulen direkt zu kontrollieren. Hierfür eignen sich nur Meßmethoden, die rasch und zerstörungsfrei arbeiten und einen für den gesamten Wickelkörper repräsentativen Feuchtewert mit hinreichender Genauigkeit liefern.

Eine Einschätzung der bekannten Feuchtemeßmethoden ergab, daß keine dieser Methoden den gestellten Anforderungen voll gerecht wird. Im Hinblick auf eine rationelle Produktionskontrolle und die Möglichkeiten einer späteren Automatisierung des Meßprozesses bietet jedoch das dielektrische Meßprinzip die meisten Vorteile. In der vorliegenden Arbeit soll dargelegt werden, daß das dielektrische Meßprinzip unter Berücksichtigung der spezifischen Eigenschaften der PA-S und der Geometrie der Spinnspulen für die betriebliche Feuchtemessung geeignet ist.

2. *Theoretische Grundlagen*

Das Prinzip der dielektrischen Feuchtemessung gründet sich auf die Tatsache, daß das Wasser eine hohe Dielektrizitätskonstante (DK) besitzt. Unter der Annahme idealer Mischungsverhältnisse kann man nach *Oehme* [5] die Erhöhung der Dielektrizitätskonstanten $\Delta\varepsilon$ einer Substanz durch die Aufnahme von 1% Wasser nach der linearen Mischformel von *Silberstein* zu

$$\Delta\varepsilon = 0{,}8 \tag{1}$$

berechnen.

Hierbei wurde für Wasser der Wert 80 für die DK verwendet. Auf Grund der idealisierten Annahmen ist die Beziehung (1) jedoch nur als erste Näherung zu werten. Es ist deshalb erforderlich, das dielektrische Verhalten des Mischsystems Polyamidfaden/Wasser experimentell zu ermitteln. Bei dielektrischen Untersuchungen an Fäden besteht jedoch die Schwierigkeit, daß neben dem Mischsystem Polyamid/Wasser stets ein überlagertes Mischsystem Faden/Luft vorliegt, dessen theoretische Behandlung nicht exakt möglich ist. Bei dielektrischen Messungen an den PA-S-Spinnspulen ist außerdem der Einfluß der Spinnspulenhülse zu berücksichtigen.

Eine exakte und reproduzierbare Feuchtemessung an den Spinnspulen erfordert deshalb die Lösung folgender Teilprobleme:

Bestimmung der DK ε_S des Mischsystems Spinnspule,
Bestimmung der DK ε_W des Wickelkörpers durch Eliminierung des Einflusses der Spulenhülse,
Bestimmung der DK ε_F der feuchten Polyamidfäden durch Eliminierung des Einflusses der Luftanteile im Wickelkörper,
Ermittlung der Abhängigkeit der DK des feuchten Fadens von dessen Feuchtegehalt.

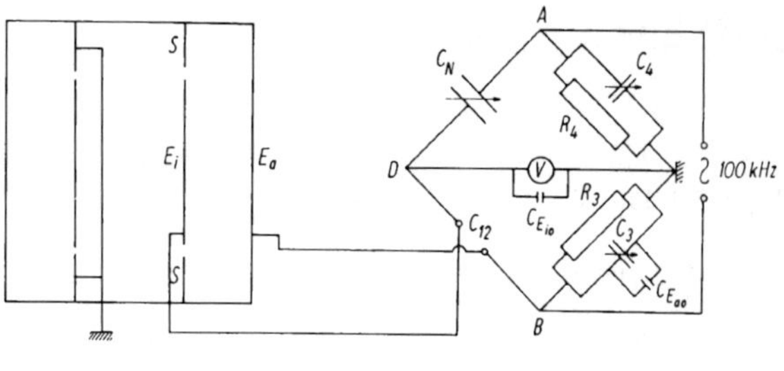

Bild 1. Schaltschema für die Kapazitätsmessungen

2.1. Bestimmung der DK des Mischsystems Spinnspule

Für die Bestimmung der DK der Spinnspule ist ein Zylinderkondensator geeignet. Zur Anpassung an die verschiedenen Bewicklungsstärken der Spulen ist eine variable Außenelektrode erforderlich. Zur Homogenisierung des elektrischen Feldes im wirksamen Meßkondensator $C12$ (s. Bild 1) muß eine Schutzringanordnung verwendet werden. Die Schutzringe S und die geschützte Elektrode Ei werden mittels einer Brükkenanordnung auf gleiches elektrisches Potential geschaltet. Da der Brückenpunkt B und damit die Elektrode Ei bei abgeglichener Brücke auf Erdpotential liegt, können die Schutzringe geerdet werden. Die Teilkapazität C_{Ei0} liegt zum Meßinstrument V parallel und beeinflußt deshalb den Brückenabgleich nicht. Die Teilkapazität C_{Ea0} liegt dem Kondensator $C3$ parallel und beeinflußt im wesentlichen nur den Verlustfaktor tg δ, nicht aber den Kapazitätswert $C12$.

Die Kapazität $C12$ berechnet sich bei abgeglichener Brücke aus den Widerständen $R3$ und $R4$ sowie den Kapazitäten C_W, $C3$, $C4$ und C_{Ea0} nach der folgenden Beziehung

$$C12 = C_N \frac{R4}{R3}\left(1 + \frac{w^2 (C3 + C_{\mathrm{Ea0}})\, C4\, R3\, R4}{1 + w^2\, C4^2\, R4^2}\right). \qquad (2)$$

Für den Regelfall der symmetrischen Brücke ($R1 = R2 = R$) und Verlustfaktoren unter 0,1 vereinfacht sich die Beziehung (2) zu

$$C12 = C_N. \qquad (3)$$

Von Sonderfällen, z. B. ungewöhnlich hohen Präparationsauflagen, abgesehen, kann man die vereinfachte Beziehung (3) verwenden. Der Fehler in der Kapazitätsbestimmung gegenüber der exakten Beziehung (2) ist kleiner als 1%.

Durch das Einsetzen einer Spinnspule in den Zylinderkondensator erhöht sich dessen Kapazität von einem Leerwert $C12_L$ auf den Wert $C12$. Das Verhältnis dieser Kapazitäten

$$\frac{C12}{C12_L} = \varepsilon_S \qquad (4)$$

ergibt die mittlere Dielektrizitätskonstante ε_S der Spinnspule.

2.2. Bestimmung der DK ε_w des Wickelkörpers

Der Wickelkörper und die Spulenhülse bilden ein geschichtetes Dielektrikum. Die meßbare Kapazität $C12$ setzt sich daher aus den Kapazitätsanteilen $C12_H$ und $C12_W$ für die Spulenhülse bzw. den Wickelkörper nach der Beziehung für eine Reihenschaltung wie folgt zusammen:

$$\frac{1}{C12} = \frac{1}{C12_H} + \frac{1}{C12_W}. \qquad (5)$$

Für die gesuchte Kapazität $C12_W$ des Wickelkörpers gilt daher

$$C12_W = \frac{C\,12_H \cdot C\,12}{C12_H - C12}. \qquad (6)$$

Die Dielektrizitätskonstante ε_W des Wickelkörpers erhält man aus der Beziehung

$$\varepsilon_W = \frac{C12_W}{C12_{WL}}, \qquad (7)$$

wobei $C12_{WL}$ die Leerkapazität des Wickelkörperanteiles ist. Diese Leerkapazität läßt sich aus der Elektrodenhöhe Hs, der Schutzspalthöhe d und dem Innen- bzw. Außenradius ri und ra des Wickelkörpers berechnen:

$$C12_{WL} = \frac{1{,}11\,(Hs + d)}{2 \ln \frac{ra}{ri}}\ [\mathrm{pF}]. \qquad (8)$$

2.3. Bestimmung der Dielektrizitätskonstanten der feuchten Polyamidseide.

Der Wickelkörper stellt einen Mischkörper aus Luft und Fäden dar, dessen exakte theoretische Behandlung auf Grund der prinzipiellen Schwierigkeiten bei der Berechnung der inneren elektrischen Felder nicht möglich ist. Nach *Reynolds* und *Houch* [6] läßt sich die mittlere Polarisation $\overline{P}$ in einem Mischkörper, der zwei Stoffe mit den Dielektrizätskonstanten ε_1 und ε_2 in der Volumenkonzentration α_1 und α_2 enthält, in der Form

$$\overline{P} = \frac{\varepsilon_G - 1}{4\pi}\,\overline{\mathfrak{E}} = \alpha_1 \frac{\varepsilon_1 - 1}{4\pi}\,\overline{\mathfrak{E}}_1 + \alpha_2 \frac{\varepsilon_2 - 1}{4\pi}\,\overline{\mathfrak{E}}_2 \qquad (9)$$

darstellen;

ε_G ist die Dielektrizitätskonstante des Mischkörpers, $\overline{\mathfrak{E}}$ und $\overline{\mathfrak{E}}_1$ bzw. $\overline{\mathfrak{E}}_2$ sind die mittleren elektrischen Feldstärken im Mischkörper und in den beiden Stoffen.

Zusätzlich gelten die Beziehungen

$$\overline{\mathfrak{E}} = \alpha_1\,\overline{\mathfrak{E}}_1 + \alpha_2\,\overline{\mathfrak{E}}_2 \qquad (10)$$

und

$$\alpha_1 + \alpha_2 = 1. \qquad (11)$$

Aus den Gleichungen (9), (10) und (11) erhält man für die Komponenten Luft ($\varepsilon_L = 1$) und Fäden (ε_F) in einem Wickelkörper (ε_W) die Gleichung

$$\frac{\varepsilon_W - 1}{\varepsilon_F - \varepsilon_W} = \frac{\alpha_F}{1 - \alpha_F}\,\frac{\overline{\mathfrak{E}}_F}{\overline{\mathfrak{E}}_L}. \qquad (12)$$

Die Schwierigkeiten bestehen darin, das Verhältnis $\overline{\mathfrak{E}}_F/\overline{\mathfrak{E}}_L$ für die Geometrie des Wickelkörpers zu berechnen.

Eine exakte Berechnung gelingt nur für ein Mischsystem aus ebenen Schichten oder für verdünnte Rotationsellipsoide, einschl. langer Zylinder und Kugeln. Für diese Systeme gilt [7]

$$\frac{\overline{\mathfrak{E}}_F}{\overline{\mathfrak{E}}_L} = \frac{1}{1 + N(\varepsilon_F - 1)}. \tag{13}$$

Der Entelektrisierungsfaktor N hat für lange parallele Zylinder, deren Achsen senkrecht zum elektrischen Feld verlaufen, den Wert $N_z = 1/2$ und für ebene Schichten senkrecht zum Feld den Wert $N_s = 1$.

Aus den Gleichungen (12) und (13) erhält man die praktisch verwendbaren Beziehungen

$$\frac{\varepsilon_W - 1}{\varepsilon_W} = \alpha_F \frac{\varepsilon_F - 1}{\varepsilon_F} \quad \text{für ebene Schichten} \tag{14}$$

und

$$\frac{\varepsilon_W - 1}{\varepsilon_W + 1} = \alpha_F \frac{\varepsilon_F - 1}{\varepsilon_F + 1} \quad \text{für lange Zylinder.} \tag{15}$$

Da die Polyamidfäden dem Fall langer Zylinder sehr gut entsprechen, ist zu erwarten, daß Gleichung (15) als Mischformel für den Wickelkörper geeignet ist.

Allerdings liegt im Wickelkörper kein verdünntes System vor. Berechnungen, die bereits *J. W. Rayleigh* [8] durchführte, zeigen jedoch, daß sich die Gültigkeit der Beziehung (15) bis zu Volumenanteilen α_F der Fäden von 0,6 erstreckt. Die Voraussetzung der Parallelität der Fäden ist allerdings nicht gegeben. Infolge der Changierung des Fadenführers sind die Fäden stark verkreuzt. Der Aufbau des Wickelkörpers ähnelt dadurch einem Schichtenmodell, das nach Gleichung (14) behandelt werden kann. Eine Entscheidung darüber, welche dieser beiden Mischgleichungen für den Wickelkörper die bessere Näherung darstellt, kann nur durch das Experiment getroffen werden.

Der Volumenanteil α_F der Fäden errechnet sich aus der Masse G der Spinnspule, der Masse G_H der Hülse sowie dem Innenradius ri, dem Außenradius ra und der Höhe H des Wickelkörpers nach der Beziehung

$$\alpha_F = \frac{G - G_H}{(ra^2 - ri^2)\,\pi H \varrho}; \tag{16}$$

ϱ ist die Substanzdichte der PA-Fäden.

Die Ermittlung des Zusammenhanges zwischen der DK des Fadens und dessen Feuchtegehalt muß experimentell erfolgen.

3. *Erprobung des Meßverfahrens*

Die Erprobung des Meßverfahrens wurde mit einem in Bild 2 dargestellten Meßkondensator durchgeführt. Als Außenelektrode wurde eine Messingfolie verwendet, auf der ein Längenmaßstab zum Ablesen des Spulenumfanges U angebracht ist. Die Höhe der geschützten Innenelektrode betrug 120 mm. Der Schutzspalt war

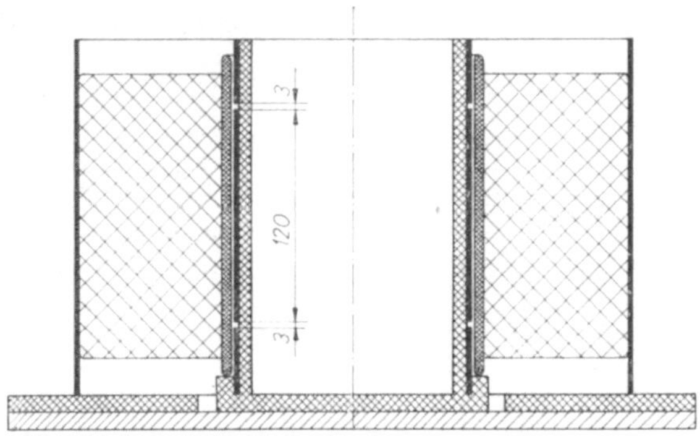

Bild 2. Aufbau des Spulenkondensators

3 mm breit. Als Meßbrücke diente eine Anordnung der Fa. Ulrich, Typ 951, in Verbindung mit einem Generator und Anzeigeverstärker der Fa. Rohde u. Schwarz. Die Meßfrequenz betrug 100 kHz. Die Spulenmasse G wurde mit einer Neigungstafelwaage ermittelt und die Wickelhöhe H mit einer Schublehre festgestellt.

Um die Reproduzierbarkeit der vier für die Feuchtebestimmung erforderlichen Kennwerte $C12$, U, G und H zu überprüfen, wurden an mehreren Spulen je 20 Wiederholungsmessungen durchgeführt. Es traten dabei folgende maximale Abweichungen auf:

$C12 \pm 0{,}4\%$,
$U \pm 0{,}1\%$
$G \pm 0{,}1\%$,
$H \pm 1\%$.

Die Reproduzierbarkeiten von $C12$, U und G sind gut.

Die maximalen Abweichungen in der Bestimmung der Höhe H des Wickelkörpers von $\pm 1\%$ verursachen Fehlmessungen im Feuchtegehalt der Spinnspulen von etwa $\pm 0{,}15\%$ Feuchte. Dieser relativ große Fehler ist dadurch bedingt, daß die Stirnflächen des Wickelkörpers Wulstbildungen aufweisen können und infolge der Kompressibilität des Wickelkörpers der Anpreßdruck der Schublehre das Meßergebnis beeinflußt. Bei gutem Spulenaufbau und gleichmäßigem Anpreßdruck ist der Meßfehler wesentlich geringer.

Die Meßdauer für die vier genannten Kenngrößen beträgt je Spinnspule ca. 3 min.

3.1. *Die Berechnung der DK ε_F des feuchten Fadens*

Die Berechnung der DK ε_F, deren direkte Beziehung zum Feuchtegehalt experimentell in Form einer Eichkurve ermittelt werden muß, erfolgt mit Hilfe der Gleichungen (6), (7), (8), (16) sowie (14) oder (15).

In die Gleichung (6) geht die Teilkapazität $C12_H$ der Spulenhülse ein. Für den betrieblichen Einsatz der Meßmethode kann nur ein Mittelwert von $C12_H$ zugrunde gelegt werden. Dieser Mittelwert wurde zu 213 pF bestimmt. Die maximalen Abweichungen betrugen $\pm 6\%$. Für geringe Bewicklungsmassen der Spulenhülsen können diese Abweichungen den Meßwert für die Feuchte erheblich verfälschen. Für Sonderversuche mit Kurzspulen ist deshalb eine Kontrolle der eingesetzten Spulenhülsen angebracht. Für die in der Produktion üblichen Bewicklungsmassen über 3000 g ist dieser

Fehler in der Feuchtebestimmung jedoch kleiner als maximal 0,1% Feuchte.

Die Gültigkeit von Gleichung (8) wurde mit Hilfe geeigneter Abstandsscheiben direkt überprüft. Die gemessenen und die berechneten Kapazitätswerte stimmten bis zum Umfang von 750 mm auf $\pm 0{,}1$ pF überein. Für größere Umfänge lagen die berechneten Kapazitätswerte bis 0,3 pF höher als die gemessenen. Die Ursache hierfür lag in der zu geringen Höhe der Schutzringe, was bei der Konstruktion der weiteren Meßkondensatoren berücksichtigt wurde. Die folgenden Untersuchungen wurden deshalb auf Spinnspulen mit Umfängen unter 750 mm beschränkt.

In die Gleichung (16) geht die Hülsenmasse ein. Diese beträgt im Mittel 540 g. Die maximalen Abweichungen von ± 30 g verfälschen die Meßergebnisse für kleine Bewicklungsmassen erheblich. Für die üblichen Bewicklungen oberhalb 3000 g liegt der maximale Fehler jedoch unter 0,1% Feuchte.

Die Entscheidung darüber, welche der beiden Mischgleichungen (14) oder (15) für den Wickelkörper am besten geeignet ist, konnte durch direkte Untersuchungen nicht getroffen werden. Die hierzu erforderlichen Modellspulen ließen sich mit einfachen Mitteln nicht herstellen. Diese Entscheidung muß deshalb im Zusammenhang mit der Aufstellung der Eichkurve getroffen werden. Zur Aufstellung der Eichkurve wurden Spinnspulen mit Seiden verschiedener Feinheiten herangezogen.

Systematische Unterschiede im Feuchtegehalt wurden durch Änderungen des Fadenlaufes an der Präparierwalze erzeugt. Eine exakte Bestimmung des Feuchtegehaltes des gesamten Wickelkörpers nach einem Absolutverfahren, für das praktisch nur das Dörr-Wägeverfahren in Frage kommt, erwies sich in einigen Vorversuchen als problematisch. Beim Austrocknen der Wickelkörper unter erhöhten Temperaturen oder unter Vakuum traten Präparations- und Monomerenverluste auf, die das Meßergebnis verfälschten. Die absoluten Feuchtewerte wurden deshalb in folgender Weise ermittelt:

Die Spinnspulen wurden 2 h nach Abnahme von der Spinnmaschine gewogen und nach dem dielektrischen Verfahren gemessen und anschließend mehrere Wochen in einem klimatisierten Raum bis zur Massekonstanz gelagert und abermals gewogen. Anschließend wurden von jeder Spule Proben im Umfang von einigen Gramm abgenommen und 9 Tage lang in einem Exsikkator über P_2O_5 bei 20 °C getrocknet und der Masseverlust bestimmt. Der Feuchtegehalt der Spinnspulen ergibt sich aus der Summe der prozentualen Masseänderung der gesamten Spule bei der Lagerung unter konstantem Klima und der prozentualen Masseänderung der Proben im Exsikkator.

Die so ermittelten Feuchtewerte wurden entsprechend den Gleichungen (14) und (15) gegen die Meßwerte

$$\frac{\varepsilon_W - 1}{\alpha_F\,\varepsilon_W} \quad \text{und} \quad \frac{\varepsilon_W - 1}{\alpha_F(\varepsilon_W + 1)}$$

aufgetragen. Es zeigte sich, daß die Gleichung (14) extreme Unterschiede in der Packungsdichte besser als Gleichung (15) korrigiert. Dies bedeutet, daß das

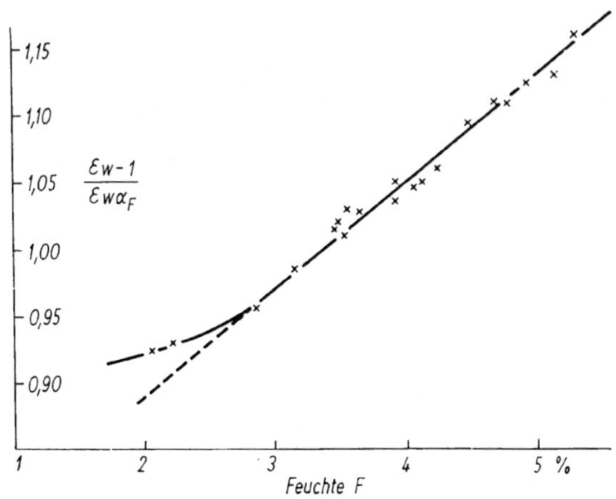

Bild 3. Eichkurve zur Feuchtebestimmung

Schichtenmodell den tatsächlichen Aufbau der Wickelkörper am besten beschreibt.

Die in Bild 3 wiedergegebene Eichkurve ist in dem praktisch interessierenden Feuchtebereich von 2,5% bis 5,5% Feuchte linear und läßt sich durch die Regressionsgerade

$$\frac{\varepsilon_W - 1}{\varepsilon_W\,\alpha_F} = 0{,}745 + 0{,}0766\,F \qquad (17)$$

mit einem Bestimmtheitsmaß von 0,975 darstellen.

Nach Gleichung (14) sollten die Meßwerte $\varepsilon_W - 1/\varepsilon_W\,\alpha_F$ stets kleiner als 1 sein. Dies ist nicht der Fall.

Offensichtlich gibt diese Gleichung zwar die Relation zwischen α_F und ε_W im wesentlichen richtig wieder, ist aber zur Absolutbestimmung von ε_F nicht geeignet.

Trotz des hohen Bestimmtheitsmaßes der Eichkurve sind der Meßgenauigkeit in den Einzelwerten offensichtlich Grenzen von etwa $\pm 0{,}2$% Feuchte gesetzt. Es ist zu berücksichtigen, daß bereits die Feuchtebestimmung nach dem angeführten Absolutverfahren, besonders infolge Klimaschwankungen während der Lagerzeit der Spulen, Ungenauigkeiten von $\pm 0{,}1$% Feuchte enthalten. Diese Abweichungen sind damit nicht durch das dielektrische Meßverfahren bedingt. Die Genauigkeitsgrenzen des dielektrischen Verfahrens bestehen in Abweichungen von den verwendeten Mittelwerten für die Hülseneigenschaften, den Fehlern bei der Bestimmung der Wickelhöhen, der idealisierten Mischgleichung (14), die je nach Feinheit und Kapillarzahl der Seide und dem Wickelaufbau nur eine mehr oder weniger gute Näherung darstellt, sowie Unterschieden in der Feinstruktur der Seide und dem Bindungs- und Verteilungszustand des Wassers im Wickelkörper. Besonders die letztgenannten Einflüsse verursachen einen zeitlichen Abfall der dielektrischen Meßwerte. Umfangreiche Untersuchungen ergaben, daß die Kapazitätswerte $C12$ in den ersten zwei Stunden nach Abnahme der Spinnspulen von der Spinnmaschine um etwa 5% abfallen. Nach weiteren zwei Stunden Lagerzeit steigt der Abfall auf etwa 6% an und erreicht nach ca. 4 Tagen einen Endwert, der um etwa 11% unter dem Ausgangswert liegt. Die Feuchtemessungen sollten des-

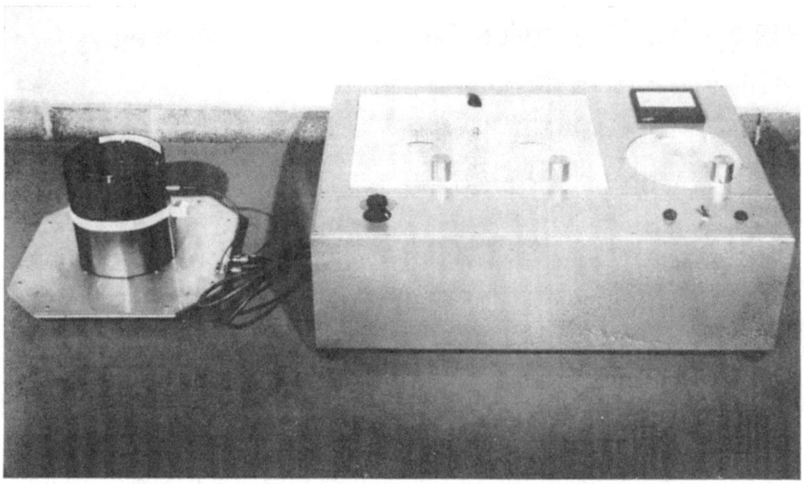

Bild 4. Komplettes Meßgerät aus der Kleinserienfertigung

halb im Zeitraum von 2 bis 4 h nach der Spulenabnahme erfolgen, wenn der Lagerzeiteinfluß einen Fehler von etwa 0,1% Feuchte nicht übersteigen soll.

Für die Auswertung der Meßergebnisse wurde ein Nomogramm aufgestellt, das ein sofortiges Ablesen der Spulenfeuchte bei Vorliegen der vier genannten Meßgrößen gestattet. Für Serienmessungen und Auswertungen mit hoher Genauigkeit ist der Einsatz eines Rechenautomaten vorteilhaft.

Neben dem Feuchtewert fällt bei der Auswertung der Wert für den Volumenanteil α_F der Fadensubstanz am Wickelkörper an. Dieser Kennwert für die Packungsdichte hat sich als interessante Größe für die Charakterisierung des Wickelaufbaues erwiesen.

Das beschriebene Meßverfahren wurde vier Monate lang unter Produktionsbedingungen getestet und hat sich bewährt. Auf der Grundlage der hierbei gewonnenen Erfahrungen wurde im ITC Rudolstadt eine Kleinserie von kompletten Meßeinrichtungen gebaut. Eine dieser Meßeinrichtungen ist in Bild 4 wiedergegeben.

Herrn Dr. *Richter* vom CFK Guben sowie den Mitarbeitern der Abteilungen Faserphysik und Technik im ITC Rudolstadt danke ich für die Unterstützung bei dem Aufbau und der Erprobung des Meßverfahrens.

Zusammenfassung

Zur Bestimmung des Feuchtegehaltes von PAS-Spinnspulen wurde ein dielektrisches Meßverfahren erprobt. Mittels einer theoretischen Analyse des aus Spulenhülse, Polyamidseide, Luft und Wasser bestehenden Mischsystems „Spinnspule" gelang unter Berücksichtigung der Spulengeometrie und der Packungsdichte des Wickelkörpers eine getrennte Erfassung des Wasseranteils.

Die Kapazitätsmessung erfolgte mit einem Zylinderkondensator an einer Wechselstrommeßbrücke bei einer Frequenz von 100 kHz.

Der Zylinderkondensator besitzt eine variable Außenelektrode und Schutzringe zur Feldhomogenisierung. Die Meßgenauigkeit beträgt ca. 0,1% Feuchte bei einer Meßdauer von ca. 3 min.

Das Meßverfahren wurde unter Produktionsbedingungen erprobt und hat sich bewährt.

Literatur

[1] *Dittmann, H., Henkel, H., Kaufmann, S., Lochmüller, O.,* und *Richter, H.:* Dickstellen in gereckter Polyamidseide und ihre Entstehungsursachen. Teil 1: Das Erscheinungsbild der Dickstellen und die Theorie ihrer Entstehungsmöglichkeiten. Faserforsch. u. Textiltechnik **20** (1969) 6, S. 274–277.

[2] *Dittmann, H., Henkel, H., Kaufmann, S., Lochmüller, O.,* und *Richter, H.:* Dickstellen in gereckter Polyamidseide und ihre Entstehungsursachen. Teil 2: Theorie und Modellversuche. Faserforsch. u. Textiltechnik **20** (1969) 6, S. 278–284.

[3] *Mieck, K.-P.:* Dickstellen in gereckter Polyamidseide und ihre Entstehungsursachen. Teil 3: Modellversuche zum Einfluß der relativen Luftfeuchte auf die T-Masern-Intensität. Faserforsch. u. Textiltechnik **20** (1969) 6, S. 285–293.

[4] *Dittmann, H., Henkel, H., Kaufmann, S., Lochmüller, O.,* und *Richter, H.:* Dickstellen in gereckter Polyamidseide und ihre Entstehungsursachen. Teil 4: Der Wasserhaushalt der Spinnspule. Faserforsch. u. Textiltechnik **20** (1969) 12, S. 564–572.

[5] *Oehme, F.:* Wasserbestimmung durch dielektrische Messungen. Angew. Chemie **68** (1956) S. 457–461.

[6] *Reynolds, J. A.,* und *Houch, J. M.:* Formulae for dielectric constant of mixtures. Proc. physic. Soc. **70** (1957) 5, S. 769–775.

[7] *Ebert, H.:* Physikalisches Taschenbuch. Braunschweig: Vieweg 1962, S. 371.

[8] *Rayleigh, J. W.:* Phil. Mag. **34** (1892) S. 481; ref. in *Mack, C.:* Some factors affecting the change in capacity of a parallel-plate condenser due to the insertion of a yarn. J. Textile Inst. **46** (1955) 7, S, T 500–T 511.

Eingegangen am 23. März 1970

Modifizierung von Synthesefaserstoffen durch Polymermischungen

Werner Berger und Jost Mellentin, Technische Universität Dresden, Sektion Chemie

Herrn Prof. Dr. *G. von Hornuff* zum 70. Geburtstag gewidmet

DK 677.862.2:678.6/.7—13:677.494[Bikomp.]:677.494.061[Bikomp.].019.9

Nach einleitenden Ausführungen über Sinn und Möglichkeiten der Polymermischungen wird anhand umfangreicher Zeitschriften- und Patentliteratur über bisher bekanntgewordene Faserstoffe aus Polymermischungen sowie über die mit ihnen erzielten oder erwarteten Verbesserungen berichtet.

Модификация синтетических волокон путем применения смесей полимеров

После рассмотрения целей и возможностей модификации волокон исходя из смесей полимеров приведены литературные и патентные данные о волокнах на основе смесей полимеров и достигнутых или ожидаемых усовершенствованиях.

Synthetic Fibres of Polymer Blends

A description of the possibilities of mixing polymers with the aim of producing synthetic fibres is followed by a review on the literature and patents dealing with these fibres and their properties already achieved or hoped for.

1. Einleitung

Der wissenschaftlich-technische Fortschritt auf dem Gebiet der Weiterentwicklung der Chemiefaserstoffe wird sich in den nächsten Jahren, auch im Prognosezeitraum, nicht so sehr auf die Synthese völlig neuer Systeme von Faserstoffen, sondern vielmehr auf die Modifizierung und Verbesserung der heute erzeugten Chemiefaserstoffe richten.

Dabei liegt der Schwerpunkt auf der physikalischen (strukturellen) und chemischen Modifizierung [1 bis 5, 9].

Möglichkeiten sind u. a.:

- technisch-mechanische Modifizierung beim Spinnen, Recken, Texturieren,
- chemische Modifizierung durch Copolymerisation, Pfropfung, Nitrierung, Sulfonierung u. ä.,
- physikalisch-chemische Modifizierung durch Polymermischungen.

Die von den Chemiefaserproduzenten der Öffentlichkeit vorgestellten neuen Fasertypen SOURCE der Firma Allied Chemical Co., QIANA der Firma Du-Pont, A-TELLE der Firma Nippon Rayon sind unter diesem Blickwinkel zu sehen. Die Fortschritte, die in den letzten Jahren bei der Erforschung der Zusammenhänge zwischen Faserstruktur und Fasereigenschaften [6, 7, 8] erzielt werden konnten, zeigen, daß eine zielgerechte Beeinflussung der Faserstruktur zu abschätzbaren neuen Fasereigenschaften führt.

In der angelsächsischen Literatur wurden für diesen Sachverhalt nicht mit Unrecht die Termini fiber-engineering, second-generation-fibers oder tailoring concept geprägt.

Tabelle 1. Untergliederung fadenbildender Polymermischsysteme

1.1 nach *Berger* und *Meißner* [13]	
Polymerlegierung:	1. Faserstoffe auf der Basis von Pfropfpolymeren;
	2. Bikomponentenfaserstoffe, Zwillingsfaserstoffe, Faserstoffe mit bilateraler Struktur, konjugierte Faserstoffe;
	3. Faserstoffe auf der Basis Polymermischungen.
1.2 nach *Mumford* und *Nevin* [15]	
Multipolymerfasern:	1. Filamentgarnmischungen;
	2. Bikomponentfasern;
	3. Bikonstituentenfasern.

Der große Vorteil der synthetischen Fasern, sie können vor, während und nach dem Herstellungsprozeß entsprechend modifiziert werden, ermöglicht eine weitestgehende Anpassung an die Marktbedürfnisse.

In der weiteren Entwicklung wird einem bestimmten Modifizierungsverfahren der absolute Vorteil nicht zugesprochen werden können. Es werden polymerchemische, verfahrenstechnische und apparative Aufgaben zu lösen sein. Der Phantasie des menschlichen Geistes ist auch auf diesem Gebiet keine Grenze gesetzt, und als Ergebnis sehen wir uns heute einer Vielzahl von Möglichkeiten gegenüber.

Wie aus dem Thema hervorgeht, wollen wir lediglich auf die Modifizierung von Synthesefaserstoffen durch Polymermischungen eingehen. Durch Mischen zu Stoffen mit neuen Eigenschaften zu gelangen, dürfte vielleicht eines der ältesten und am weitest verbreitetsten Verfahren überhaupt sein. Auch auf dem Kunststoffsektor wird schon seit Jahren davon Gebrauch gemacht [11, 12, 17]. Bereits 1965 berichteten *Meißner* und *Berger* [13] über die Möglichkeiten, die zur Kombination fadenbildender Polymerer führen. Dabei untergliederten sie den Begriff Polymerlegierung, unter dem sie eine Kombination zweier oder mehrerer fadenbildender Polymere verstanden haben wollten, gemäß der Ausdehnung der homopolymeren Bezirke und der zwischen ihnen auftretenden Energien (Tabelle 1.1). Eine ebenfalls von *Mumford* und *Nevin* [15] vorgenommene Untergliederung erfolgt sicher mehr aus der Sicht des Fertigproduktes (vgl. Tabelle 1.2).

Mit der Struktur der Wolle hat uns die Natur schon seit Jahrtausenden sinnvolle Modifizierungsmöglichkeiten vor Augen geführt. Die bilaterale Struktur der Bikomponentenfaser wird durch den Aufbau der Rindenschicht in Para- und Orthocortex und die Struktur der Bikonstituentenfaser durch die in dem Zement eingebetteten Fibrillen der Spindelzellen verwirklicht. Abgesehen davon bietet die Wolle für die weitere Forschung noch eine Reihe interessanter nachahmenswerter Feinheiten in ihrem Aufbau.

In den weiteren Ausführungen sollen hauptsächlich die Probleme der Schmelzmischungen abgehandelt werden.

2. Faserstoffe auf der Basis von Polymermischungen unter besonderer Berücksichtigung der Schmelzmischung

Mischungen auf der Basis von Polyacrylnitril werden über ein gemeinsames Lösungsmittel, z. B. DMF, erhalten [14], die Mischungen von Polypropylen, Polyamid und Polyester dagegen über die Schmelze geformt. Ihnen allen ist gemeinsam, daß die Polymeren vor dem Fadenbildungsprozeß gemischt werden. Die Eigenschaften der fertigen Faser werden somit durch folgende Parameter bestimmt:

1. Natur des zugesetzten Polymeren,
2. prozentualer Anteil in der Mischung,
3. Intensität und Art des Mischprozesses,
4. Spinn- und Reckbedingungen,
5. Nachbehandlungsverfahren (Texturierung).

Die in der umfangreichen Patentliteratur über Polymermischungen auf dem Faserstoffsektor angestrebten Eigenschaftsänderungen lassen sich wie folgt zusammenfassen [54, 57 bis 62]:

1. Verbesserung des färberischen Verhaltens,
2. Schaffung neuer differential-dyeing Typen,
3. Verringerung der Anschmutzung,
4. Verringerung der elektrischen Aufladung,
5. Verbesserung des Wasseraufnahmevermögens,
6. Verringerung der Pillneigung,
7. Beeinflussung des Moduls, der Kraft-Dehnungscharakteristik,
8. Griff, Voluminösität, Kräuselung,
9. Erhöhung der thermischen Stabilität, der Lichtstabilität,
10. Verbesserung des Weißgrades,
11. Schwerentflammbarkeit,
12. Verbesserung des Fadenbildungsvermögens, Erhöhung der Spinngeschwindigkeit,
13. Rohstoffsubstitution.

Das Modifizierungsverfahren wird entsprechend dem Verwendungszweck der Faser ausgewählt werden müssen. Um aber ein Modifizierungsverfahren optimal anwenden zu können, sind die chemischen und physikalischen Gesetze, die ihm zugrunde liegen, möglichst genau zu erforschen.

Welche Fragen sind in diesem Zusammenhang zu stellen:

1. Sind die Polymeren thermodynamisch verträglich? Welche Möglichkeiten gibt es zur Beeinflussung der Stabilität der Mischungen thermodynamisch unverträglicher Polymerer?
2. Wie verteilen sich die Phasen bei Mischungen unverträglicher Polymerer?
3. Welche chemischen und physikalischen Vorgänge spielen sich beim Mischen der meist unverträglichen Polymeren an den Phasengrenzflächen ab?
4. Welche Veränderungen des rheologischen und Schmelzverhaltens der Mischung sind zu erwarten?
5. In welchem Umfang werden die sich beim Erspinnen, Recken und Fixieren abspielenden Kristallisations- und Orientierungsvorgänge beeinflußt? Welchen Einfluß können die Nachbehandlungsverfahren auf die Stabilität der Mischung nehmen?
6. Welche Auswirkungen haben Unterschiede in dem Viskositätsverhalten, den Schmelzintervallen, den Dichten und der Kristallinität der einzelnen Komponenten auf den Herstellungsprozeß des Fadens (Mischen, Spinnen, Rekken, Nachbehandeln)?
7. Wie wirkt sich die Summe der Eigenschaftsänderungen auf die Spinn- und Reckbarkeit des Fadens aus? Welche textilen Eigenschaftsänderungen sind beim Fertigprodukt zu erwarten?

Nach dem derzeitigen Stand unseres Wissens wird eine eindeutige, umfassende Beantwortung dieser Fragen noch nicht möglich sein. Im folgenden sollen einige Probleme erörtert werden, um deren Vielzahl und Kompliziertheit anzudeuten.

2.1. Verträglichkeit polymerer Mischsysteme

Verträgliche Mischungen bilden die Ausnahme [10, 16, 17], unverträgliche Polymermischungen die Regel. Man könnte geneigt sein, diesen Umstand für das wachsende Interesse an den unverträglichen Mischungen verantwortlich zu machen. Aber gerade die den unverträglichen Mischungen innewohnenden ausgezeichneten Eigenschaften haben ihre Verbreitung auf allen Gebieten gefördert.

Zur Verbesserung der Kohäsion von Klebstoffen und Lacken werden Mischungen von Polymethylmethacrylaten und nachchlorierten PVC empfohlen [16]. Bekannt sind die günstigen Eigenschaften der ABS-Kunststoffe, die auf dem heterogenen Aufbau der einzelnen Komponenten in der Mischung beruhen [11].

In einer Mitteilung von *Akutin* [18] werden strukturchemische Effekte erwähnt, die beim Mischen von unverträglichen Polymeren auftreten können und zu einer Verbesserung des thermischen Verhaltens führen.

Es ist nun nicht verwunderlich, daß die heterogenen Polymermischungen auf dem Faserstoffsektor mit den Bikonstituentenfasern auch schon weite Verbreitung gefunden haben [15, 19 bis 23, 33]. Die Verträglichkeit polymerer Mischsysteme spielt somit bei den daraus hergestellten Chemiefasern hinsichtlich ihrer Eigenschaften und in bezug auf die Herstellungsbedingungen eine entscheidende Rolle.

2.1.1. Thermodynamische Verträglichkeit

Thermodynamische Verträglichkeit setzt eine molekulare Durchmischung der Polymeren voraus. Der Mischvorgang muß demnach mit einer Abnahme der freien Enthalpie des Systems verbunden sein.

Nach der *Gibbs*chen Beziehung

$$DG_{Mi} = DH_{Mi} - TDS_{Mi}$$

ist Verträglichkeit nur zu erwarten, wenn die freie Mischungsenthalpie $DG_{Mi} \leqq 0$ ist. Da die Mischungsentropie DS_{Mi} bei Polymeren im Gegensatz zu den Monomeren sehr klein ist, dürfte die Mischungsenthalpie DH_{Mi} nur ganz schwach positive Werte erreichen. Auf Grund der sterischen Hinderung können die Makromoleküle nicht immer die energetisch günstigste Lage zueinander einnehmen. Im Gegensatz zu den Monomeren können nur noch die wesentlich geringeren Dispersionskräfte wirken, die dann meist zu positiven Mischungsenthalpien führen [24, 25].

Da mit einer negativen Mischungsenthalpie DH_{Mi} aus genannten Gründen nicht zu rechnen ist, werden nur energetisch extrem ähnliche Polymere thermodynamisch verträgliche Mischungen liefern [17]. *Bohn* zeigt in einer Zusammenstellung von im festen Zustand verträglichen Polymermischungen [10], daß annähernd gleiche Polarität eine notwendige, aber nicht hinreichende Bedingung für Verträglichkeit ist. Zusammenhänge mit der Kohäsionsenergiedichte konnten nicht aufgezeigt werden.

Da die fadenbildenden Polymeren wie Polypropylen, Polyamid und Polyester den kristallisationsfähigen Polymeren angehören, müssen wir bei Mischungen mit amorphen Polymeren mit Unverträglichkeit rechnen. Bei Mischungen mit kristallinen Polymeren wird es wohl nur in den seltensten Fällen zur Mischkristallbildung und Verträglichkeit kommen. Es konnte gezeigt werden, daß Mischungen ähnlicher Polyester verträglich sind [26], wobei nicht untersucht wurde, ob die Verträglichkeit auf Mischkristallbildung zurückgeführt werden kann.

2.1.2. Kinetische Stabilität

Wie bekannt ist, ergeben auch Mischungen unverträglicher Polymerer Systeme mit hinreichend stabilen Eigenschaften. Aus thermodynamischen Gründen ist eine molekulare Durchmischung nicht möglich. Jedes der einzelnen Polymeren wird noch homopolymere Bezirke bilden, die etwa in der Größenordnung bis hinab zu kolloidchemischen Dimensionen reichen. Thermodynamisch wird das System beim Mischen energiereicher und wird das Bestreben haben, in den entmischten Zustand zurückzukehren. Es erhebt sich die Frage, welche

Faktoren zur Stabilisierung solcher Systeme beitragen können. Beim Erspinnungsprozeß wird die im Extruder hergestellte Zwangsmischung sofort gesponnen. Da die innere Reibung beim Abkühlen exponentiell mit der Temperatur zunimmt, ist mit einer Entmischung in der fertigen Faser im allgemeinen nicht mehr zu rechnen.

Bei Mischungen über die Lösung wird der Tatsache Rechnung getragen, indem man durch erhöhten Feststoffgehalt die Viskosität erhöht [14]. Ferner kann man durch Vernetzung oder durch verzweigte Polymere einen ähnlichen Effekt erzielen [27]. Wir haben es, im Gegensatz zu den thermodynamischen, mit kinetisch stabilen Systemen zu tun.

2.1.3. Verbesserung der Stabilität von Polymerdispersionen durch Zusätze

Bei der Dispergierung eines Polymeren in einem anderen sind die Grenzflächenenergien während des Mischprozesses aufzubringen. Eine gleichmäßige und möglichst feine Dispersion wird nur dann erreicht werden können, wenn die Grenzflächenspannungen herabgesetzt werden. Beim Zumischen von Blockcopolymeren, die in ihrem Aufbau Spezies der zu mischenden Polymeren enthalten, erreicht man sicher derartige Effekte [28].

Oft bilden sich derartige Blockcopolymere in geringen Mengen während des Mischprozesses und tragen somit zur Stabilisierung der Dispersion bei [12, 29].

Auch das Hinzufügen eines Pfropfcopolymeren (Polystyrol/Polyamid) führte zu einer Verbesserung der Spinnbarkeit der entsprechenden Polystyrol/Polyamid-Mischung [30].

Niedermolekulare Substanzen, die Gruppen mit unterschiedlicher Löslichkeit für die zu mischenden Polymerkomponenten besitzen, werden oft aufgeführt. Es sind meist Salze, Ester oder Amine höherer Fettsäuren, Ester der Phosphorsäure und von Sulfonsäuren sowie Phenolate [31, 32, 77].

Insbesondere wird durch ionisierbare Gruppen eine gleichsinnige Aufladung der dispergierten Polymerteilchen angestrebt [32].

2.2. Herstellung und Eigenschaften von Polymermischungen unter besonderer Berücksichtigung der fadenbildenden Mischungen

Die Verträglichkeit hat einen großen Einfluß auf die Herstellungsbedingungen und die Eigenschaften der Polymermischungen. Da der Diffusionskoeffizient der Polymeren in einer polymeren Matrix sehr klein ist (etwa $10^{-12} \rightarrow 10^{-13}$ cm^2s^{-1} [10], müßte bei verträglichen Polymeren nach einer entsprechenden Mischzeit ein molekular durchmischtes Produkt erhalten werden. Abgesehen von evt. auftretenden thermischen, hydrolytischen und mechanischen Schädigungen ist keine weitere Beeinflussung der Eigenschaften der Mischung durch den Mischprozeß zu erwarten. Dagegen ist bei Mischungen thermodynamisch unverträglicher Polymerer eine wesentlich weitreichendere Beeinflussung durch den Mischprozeß gegeben.

Tabelle 2. Mischverfahren

1. Schmelzmischung, Mischung von Dispersionen, Pulvermischung;
2. Mischen über ein gemeinsames Lösungsmittel;
3. Mischen von Polymer/Monomer oder Oligomeren und nachfolgende Polymerisation bzw. Polykondensation (Pfropf- und Blockcopolymere).

2.2.1. Herstellung von Mischungen unverträglicher Polymerer

Eine Einteilung der möglichen Mischverfahren gibt Tabelle 2.

Das unter 3 aufgeführte Mischverfahren führt zu einer idealen Zwangsmischung.

Trotz der hauptvalenten Verknüpfung der polymeren Spezies bilden diese Mischungen in der überwiegenden Zahl Mehrphasensysteme [45, 49]. Wie man u. a. von diesem Mischverfahren bei der Modifizierung von Faserstoffen Gebrauch machen kann, zeigt ein englisches Patent [34]. Geformte Polyesterfasern werden mit monomeren Vinylpyridin in einem Bad behandelt. Anschließend wird in der Wärme mit Hilfe eines Katalysators der eindiffundierte Anteil polymerisiert. Die so behandelten Fasern sollen eine gute Affinität zu sauren Farbstoffen besitzen.

Beim Mischen über ein gemeinsames Lösungsmittel wird meist ein Feststoffgehalt von 15 bis 20% vorgeschlagen, um die Viskosität und damit die kinetische Stabilität entsprechend zu erhöhen [14, 35, 36].

Das Schmelzmischen ist das energieintensivste Verfahren. Voraussetzung ist eine genügende thermische und mechanische Stabilität der Polymeren. Trotz Zusatzes von Stabilisatoren und Gleitmitteln werden die Mischzeiten durch die begrenzte thermische und mechanische Belastbarkeit der Polymeren begrenzt. Somit können beim Aufschmelzen von Polymeren noch weitgehend Strukturelemente aus dem festen Zustand erhalten bleiben. Wie u. a. am Polypropylen ge-

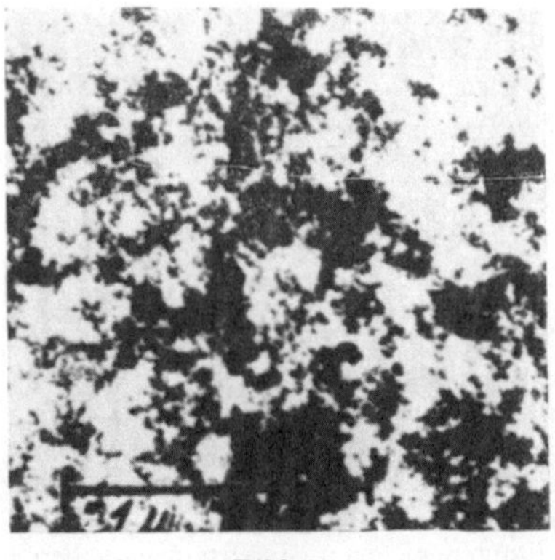

Bild 1a

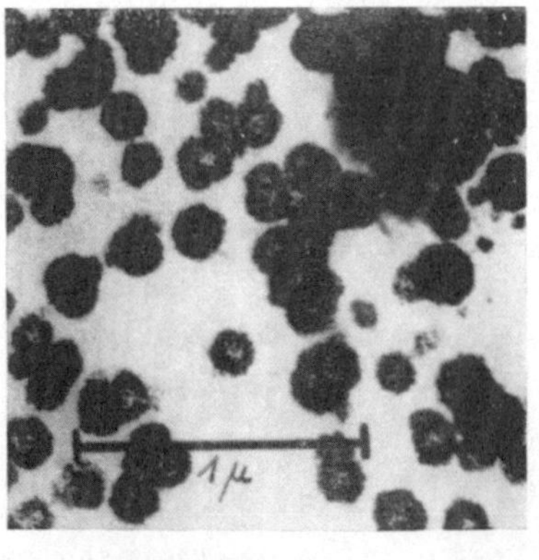

Bild 1b

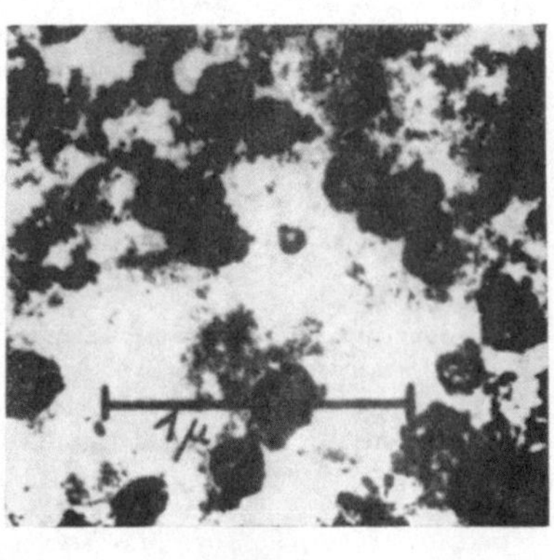

Bild 1c

Bild 1. Elektronenmikroskopische Aufnahmen von Naturkautschuk (1a), 1,4-Polychlorbutadien (1b) und einer daraus hergestellten Walzenmischung 3:1 (1c) (entnommen aus [42])

zeigt werden konnte, ist die Stabilität der übermolekularen Strukturen von der rel. Molekülmasse, der Aufschmelztemperatur und der Schmelzzeit abhängig [38].

Beim Mischen von Naturkautschuk mit 1,4-Polychlorbutadien über eine Walze bleiben die Sekundärstrukturen des härteren 1,4-Polychlorbutadien weitestgehend erhalten (Bild 1). Die Existenz übermolekularer Strukturen in Polymerschmelzen wird auch durch eine Reihe von Arbeiten sowjetischer Autoren wie *Judin, Natov, Smelkov, Michajlov, Kuleznev, Filbert* und *Vinogradov* bestätigt. Die geringe Abhängigkeit der Schmelzviskosität vom Verteilungszustand [39], Abweichungen der Schmelzviskosität vom additiven Verhalten [40, 63, 78] und Änderung im Kristallisationsverhalten [47] werden auf der Basis übermolekularer Strukturen diskutiert.

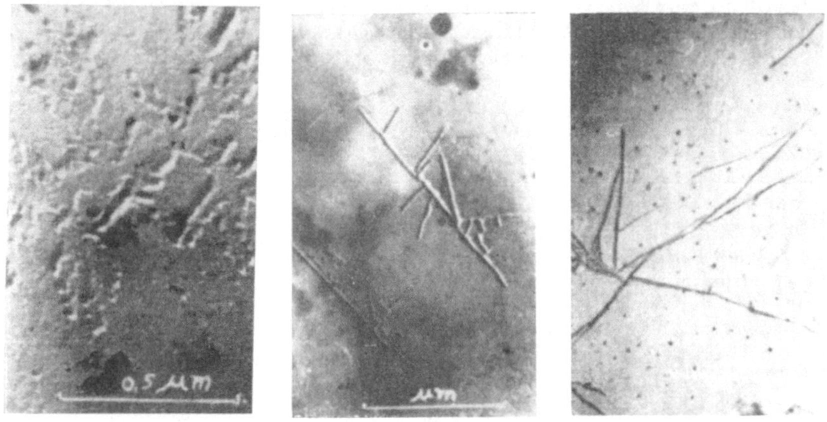

2a) 100 °C 2b) 140 °C 2c) 160 °C

Bild 2. Elektronenmikroskopische Aufnahmen der Abdrücke von isotaktischen Polymethylmethacrylat/Novolak-Lösungen, die bei verschiedenen Temperaturen getempert wurden (entnommen aus [66])

Filbert [65], der die Abhängigkeit des Fadenbildungsvermögens von den rheologischen Eigenschaften von Schmelzmischungen bis zu einem Zusatz von 10% auf der Basis Polypropylen untersucht, leitet für Mischungen mit verschiedenen Polyäthylenen, Polystyrolen, mit isotaktischen Polyvinylpyridin eine Senkung der Viskosität aus der Art der Wechselwirkung der übermolekularen Strukturelemente ab. Die Senkung der Schmelzviskosität wird als Maß der Unverträglichkeit der Polymeren angesehen. Interessant ist in diesem Zusammenhang die Mischung mit Polycarbonat, die bei höheren Temperaturen nahezu *Newton*sches Verhalten zeigt. Das Fadenbildungsvermögen war bis auf die Polycarbonatmischung bei den anderen Mischungen schlechter als bei reinem Polypropylen.

In einer Abhandlung über die Herstellung von Faserstoffen nach dem Kolloidverfahren gibt *Michajlov* [41] die Abmessung der kolloiden Teilchen mit 0,01 bis zu einigen Mikron an. Er vergleicht diese mit den übermolekularen Strukturgebilden in den festen Polymeren und kommt zu einer Übereinstimmung in den Größenordnungen.

Mit einer speziellen elektronenmikroskopischen Untersuchungsmethode konnte *Kargin* [66] die Existenz derartiger Überstrukturen auch in Polymerlösungen nachweisen (vgl. Bild 2). Welche Ausmaße diese Strukturen besitzen, oder in welchem Umfang sie miteinander in Wechselwirkung treten können, hängt wesentlich von dem Mischverfahren und den Mischbedingungen ab. Da diese Strukturen die Keimzellen der polymeren Festkörper bilden, läßt sich diese über das Mischverfahren beeinflussen. Auch die Fadenbildung wird auf dem Niveau der Wechselwirkung übermolekularer Strukturelemente verlaufen [41].

2.2.2. *Eigenschaften der festen Mischungen*

Die Inhomogenitäten der Schmelze müssen, wie bereits ausgeführt wurde, zu einem inhomogenen Aufbau der festen Mischung führen. Es kommt zur Ausbildung eines Zweiphasensystems, falls zwei Komponenten gemischt wurden.

Diese Betrachtungsweise ist natürlich sehr vereinfacht. Selbst ein ungemischtes Polymeres ist weder im geschmolzenen noch im festen Zustand strukturell einheitlich. Es wird somit noch zusätzlich zur Ausbildung der den festen Zustand eigenen Überstrukturen kommen [46, 47, 48, 50, 51, 52]. Ausmaß und Form dieser Überstrukturen werden wiederum durch das veränderte Kristallisationsverhalten der Mischungskomponenten mitbestimmt [74].

2.2.2.1. *Phasenmorphologie im Zweiphasensystem*

Bei diesen Mischungen ist ein Polymeres in einer bestimmten Form in dem anderen der Matrix verteilt. Wenn sein Anteil < 20 bis 25 Vol% der Mischung ist, so wird es schwerlich die durchgehende Phase bilden können. Vorrangig wird man das Polymere mit der höheren Kohäsionsenergiedichte in der inneren Phase antreffen [10]. In welchem Maße die Phasenmorphologie von den Herstellungsbedingungen abhängt, konnte u. a. *Bohn* in einem Übersichtsreferat zeigen [10]. *Fujino* [76] unterscheidet beim Mischen der Polymeren A und B zwischen folgenden Mischungstypen:

A-Inseln in B-Matrix, B-Inseln in A-Matrix, A-Inseln-B-Inseln, A-Matrix-B-Matrix.

Starke Abweichungen von den physikalisch-mathematischen Modellvorstellungen treten beim Vorhandensein chemischer Wechselwirkungen oder bei großen spezifischen Oberflächen auf. Messung des Relaxationsmoduls verschiedener Mischungstypen ließen auch in dieser Arbeit die starke Abhängigkeit der mechanischen Eigenschaften von der Phasenmorphologie erkennen.

Es stellt sich nun die Frage, welche Eigenschaften von der Phasenmorphologie beeinflußt werden. An erster Stelle müssen hier die mechanischen Eigenschaften, Diffusionsvorgänge und von der Oberflächenbeschaffenheit abhängige Kennwerte, wie Adhäsion, Benetzbarkeit, Lichtreflexion, genannt werden. Diese Eigenschaften spielen bei der Beurteilung eines Faserstoffes eine große Rolle.

2.2.2.2. *Mechanische Eigenschaften*

Slonimskij [44] untersuchte die mechanischen Eigenschaften von Mischungen aus Polyisobutylen und amorphem Polypropylen mit kristallinem Polypropylen. Es konnte ein stetiger Anstieg der Festigkeit in dem Maße beobachtet werden, wie der kristalline Anteil in der Mischung zunahm. Der Verlauf der Dehnung war unstetig und stark von der Temperatur abhängig. Entsprechend der Mischungszusammensetzung kommt man vom amorphen System, das kristalline Anteile dispergiert enthält, zum kristallinen System, in dem amorphe Bestandteile dispergiert sind. Die Anomalien in der Reißdehnung werden durch Überlagerung drei verschiedener Deformationsmechanismen — hochelastische, erzwungene hochelastische und plastische Deformation — erklärt. Bei Mischungen aus Polymethylmethacrylat mit nachchloriertem PVC, Vinylchlorid/Vinylacetat-Copolymerisat und Polyvinylacetat konnten Maxima in der Reißfestigkeit bei etwa 50% Gehalt beider Komponenten festgestellt werden [16]. Nach Ansicht des Autors soll sich das Maximum im Gebiet der Phasenumkehr befinden.

Bei Untersuchungen an Faserstoffen aus einer Schmelzmischung von Polypropylen (F = 170 °C) wurde eine unvertretbare Verschlechterung der mechanischen Eigenschaften bei Zusätzen von mehr als 12% Polystyrol beobachtet [53]. Für beide Komponenten konnte der Beweis der Mikroheterogenität erbracht werden.

In einer Arbeit von *Filbert* [55] werden Schmelzmischungen von Polypropylen mit 2, 5 und 10% Polystyrol (I); 4:1 Styrolcoacrylnitril (II) und Niederdruckpolyäthylen (III) untersucht. Bei einem Zusatz von 5% (I, II) trat ein Maximum der Reißfestigkeit und Dehnung auf. Ebenfalls ein Maximum der Reißfestigkeit konnte an Filmen aus Mischungen von Polypropylen mit Polyäthylenterephthalat bei einem Gehalt von 5% Polyäthylenterephthalat beobachtet werden [46]. *Meißner/Berger* konnten bei Untersuchungen der aus Lösung ersponnenen Fasermischungen von Polyacrylnitril mit Celluloseacetat [14] eine Zunahme der Festigkeit bis etwa 30% Celluloseacetat feststellen. Die Bruchdehnung war abhängig von der Spinnlösungskonzentration. Bei 16- und 20%iger Spinnlösung durchlief sie bei 30% Celluloseacetat ebenfalls ein Maximum, um dann bis auf teilweise 10% abzufallen. Bei einer 18%igen Spinnlösung konnte dieses Maximum nicht beobachtet werden.

Fasern aus 80% Niederdruckpolyäthylen und 20% isotaktischem Polypropylen zeigten eine Reißfestigkeit von 7,5 g den^{-1} [56]. Die Schlingenfestigkeit betrug 80% der Reißfestigkeit. Vergleichsweise betragen die Reißfestigkeiten (Schlingenfestigkeit) von entsprechenden Niederdruckpolyäthylenfasern 5 g den^{-1} (65%) und von Polypropylenfasern 5 g den^{-1} (80%).

Natürlich sind Reißdehnung und Reißfestigkeit allein nicht in der Lage, das mechanische Verhalten von Faserstoffen vollständig zu beschreiben. Wie jedoch diese kurze Übersicht zeigt, sind die mechanischen Eigenschaften sicher in komplizierter Weise von der Mischungszusammensetzung, den Herstellungsbedingungen, den übermolekularen Ordnungsvorgängen und der Phasenmorphologie abhängig. Oft werden diese Veränderungen schon durch geringe Zusätze erreicht. Verallgemeinerungen lassen sich nur schwer treffen. Eine notwendige Voraussetzung für günstige mechanische Eigenschaften ist natürlich eine möglichst homogene Verteilung der Phasen.

2.2.2.3. *Eigenschaften industriell hergestellter Faserstoffe aus Polymerschmelzmischungen*

Industriell wird von Montecatini-Edison eine mit ionischen, Chrom- und Küpenfarbstoffen anfärbbare Polypropylenfaser „MERAKLON DL" produziert. Zur Erzielung dieser Eigenschaften soll dem Polypropylen in der Schmelze ein Polykondensat zugemischt werden [22, 67].

In diesem Zusammenhang ist interessant, daß Montecatini Patente besitzt, welche die Herstellung gut färbbarer Polypropylengarne durch Zumischen von basischen Kondensationsprodukten [64] oder Polymethylsorbat [36] beschreiben.

In seinen färberischen Eigenschaften ähnelt „MERAKLON DL" der Wolle. Es soll auf dem Teppichsektor (15 den) und in Mischung mit Baumwolle als Florgewebe (6 den) erprobt werden [67].

Eine im großen Umfang schon produzierte Faser dürfte die aus Mischungen 70% Polyamid und 30% Polyester hergestellte Bikonstituentenfaser SOURCE der Firma Allied Chemical Co. sein. Es wurde eine Produktionskapazität von etwa 3500 ta angegeben. Für 1970 rechnet man mit einem Ausstoß von etwa 10000 ta. Der Bau eines Werkes mit einer Kapazität von 22700 ta ist in Columbia SC vorgesehen [43]. Nach der Allied Chemical Co. hat auch Firestone Synthetic Fibers Co. die Produktion einer Bikonstituentenfaser NS aufgenommen. Die AKU hat in letzter Zeit ein Reifencordmaterial aus einer Polyamid/Polyester-Mischung (ENKATRON) auf den Markt gebracht [22].

Wie in den entsprechenden Patenten und in der Literatur ausgeführt wird, kommt es beim Schmelzen in geringerem Maße zur Bildung stabilisierender Blockcopolymerer [12, 29]. Auch Zusätze von Hitze- und Vernetzungsstabilisatoren werden angeführt [68].

Die Spinnbarkeit derartiger Mischungen ist stark von der rel. Molekülmasse der einzelnen Komponenten, dem Mischungsverhältnis und der Spinntemperatur abhängig. Berücksichtigt man die begrenzte thermische Stabilität der Polymeren und deren Schmelztemperaturen, so zeigt es sich, daß oft nur ein begrenztes Temperaturintervall zur Erzielung eines gleichmäßigen Fadens mit verhältnismäßig wenigen Fadenbrüchen beim Spinnen zur Verfügung steht [75].

Firestone besitzt ein Patent zur Herstellung von Polyester/Polyamid-Mischungen mit verbesserter Spinnbarkeit [69]. In diesem Patent wird das Zumischen von 5 bis 15 Teilen Polyhexamethylenisophthalamid, bezogen auf 100 Teile Polyester/Polyamid-Mischung, empfohlen. Es sollen Fäden mit gleichmäßigen Durchmesser erhalten werden, und die Zahl der Fadenbrüche wird reduziert.

Die Festigkeit der Bikonstituentenfaser SOURCE wird weitestgehend durch die Polyamidmatrix bestimmt. Der Modul steigt hingegen mit zunehmendem Polyestergehalt stark an (vgl. Tabelle 3).

Die Polyestermikrofibrillen sind in der gereckten Faser längs der Faserachse orientiert. Durch Extraktion mit Ameisensäure läßt sich die Polyamidmatrix von den Mikrofibrillen abtrennen, was ein weiterer Beweis für die Heterogenität der Faser ist [21].

Die Technologie der Faserherstellung erlaubt weitestgehend die Anwendung des „tailoring-concept" [21]. Veränderung der Herstellungsbedingungen, Einsatz spezieller Polyester und Polyamide sowie die Variation der Zusammensetzung eröffnen ein großes Feld der Entwicklung von Faserstoffen mit speziellen Eigenschaften.

Die Zusammensetzung der technischen Produkte soll zwischen 50 und 10% Polyester variiert werden können. Während die Wasseraufnahme sich kontinuierlich mit der Zusammensetzung ändert, werden Modul und Bauschigkeitsbeständigkeit nach der Texturierung schon durch geringe Polyestermengen günstig beeinflußt.

Haftung am Gummi und Farbstoffaufnahme verhalten sich unstetig. Bis zu 40% Polyestergehalt wird die Haftung am Gummi nicht nennenswert verschlechtert, während sie bei höherem Gehalt stark absinkt. Die Färbbarkeit mit sauren Farbstoffen zeigt ein ähnliches Verhalten. Dieses Verhalten wird verständlich, da schon bei etwa 50% Polyester Phasenumkehr eintritt. Beim Färben mit Dispersionsfarbstoffen wird hingegen ein Maximum in der Farbstoffaufnahme bei 40% beobachtet. Nicht unerwähnt sollen die

Tabelle 3. Fibrillendimension, Festigkeit und Young's Modul für verschiedene Mischungsverhältnisse PA6:PET (entnommen aus [75])

Verhältnis PA6:PET	Fibrillendimension		Eigenschaften	
	Länge µm	Dicke µm	Festigkeit g den^{-1}	Young's Modul kgm m^{-2}
100: 0	—	—	5,5···7,0	180···250
90:10	0,05···0,2	30··· 70	5,5···6,9	280···380
70:30	0,2 ···0,6	100···150	5,2···6,0	520···650
60:40	0,4 ···0,8	180···220	5,4···6,4	600···700

neuartigen optischen Effekte bleiben, die mit dieser Faser erzielt werden können.

Der textile Einsatz beschränkt sich zur Zeit hauptsächlich auf den Teppich- und Reifencordsektor.

Es sollen ferner Typen für Rundstrick-, Web- und Wirkmaschinen entwickelt werden. Der Einsatz im textilen Bekleidungssektor wird erprobt.

3. Schlußbetrachtung

In dieser Übersicht konnten natürlich nicht alle Probleme erörtert werden. Zum Beispiel wurde auf die Möglichkeit der chemischen Wechselwirkung zwischen den Polymeren nicht näher eingegangen [70 bis 73].

Das Modifizierungsverfahren über die Polymermischung gestattet, eine große Palette von Eigenschaften der Faserstoffe einzustellen. Vorteile des Verfahrens sind:

Weitestgehende Übernahme vorhandener Technologien, Möglichkeit der kontinuierlichen Verfahrensweise, keine Sonderproduktion von Rohstoffen, Rohstoffsubstitution, schnelle Produktionsumstellung, Möglichkeit der Herstellung von Produkten mit gleichmäßigen Eigenschaften.

Man sollte diese Modifizierungsverfahren auch im Zusammenhang mit neuen Artikeln und Verarbeitungstechnologien sehen, wie z. B. Papier aus Synthetics, Non-woven-Artikel, Fäden aus Folie, differential-dyeing.

Obwohl die Vorteile des Modifizierungsverfahrens „Polymermischungen" offensichtlich sind, sollte man sich über die Herstellungstechnologie nicht zu vereinfachte Vorstellungen machen. Auch bei diesen Verfahren muß das „know-how" beherrscht werden. Die Entwicklung und das Testen der amerikanischen Faser SOURCE dürfte etwa acht Jahre gedauert haben. Mehrere Millionen Dollar wurden in dieses Projekt investiert [21]. Der Erfolg eines Verfahrens hängt schließlich auch davon ab, mit welchem Aufwand und mit welcher Gründlichkeit man bei der Erforschung seiner wissenschaftlichen und technologischen Grundlagen gearbeitet hat.

Literatur

[1] *Vitz, E. H.*: Entwicklung der Chemiefaserindustrie 1968. Z. ges. Textilind. **71** (1969) 3, S. 149–152.

[2] *Mark, H.*: Zur Modifizierung bestimmter Fasertypen durch chemische und physikalische Methoden. Chemiefasern **16** (1966) 4, S. 258.

[3] *Berg, H.*: Neue Forschungsergebnisse und Entwicklungstendenzen auf dem Gebiet der synthetischen Fasern. Chemiefasern **15** (1965) 9, S. 646.

[4] *Thimm, H.*: Entwicklung spezieller Polyesterfasertypen für bestimmte Einsatzgebiete. Chemiefasern **17** (1967) S. 498.

[5] *Bieser, H.*: Textile Chemiefasern und Verarbeitung bis 1980. Chemiefasern **19** (1969) 4, S. 262.

[6] *Fischer, E. W.*, *Goddar, H.*, und *Schmidt, G. F.*: Über Zusammenhänge zwischen der Röntgenkleinwinkelstreuung und der morphologischen Struktur von Hochpolymeren. Kolloid-Z. u. Z. Polymere **226** (1968) 1, S. 30–40.

[7] *Berg, H.*: Über Ordnungszustände in synthetischen Fasern und einige Zusammenhänge mit ihren Eigenschaften. Kolloid-Z. u. Z. Polymere **210** (1966) 1, S. 64 bis 78.

[8] *Krässig, H.*: Betrachtung zum Problem der Beziehung zwischen Faserstruktur und Fasereigenschaften. Textilveredlung, Weinfelden/Schweiz **4** (1969) 1, S. 26–37.

[9] *Goldberg, J. B.*: Internationale Textilforschung 1968. Melliand Textilber. (1969) 4, S. 431–434.

[10] *Bohn, L.*: Unverträglichkeit und Phasenbildung bei Polymermischungen, Pfropf- und Blockcopolymeren. Kolloid-Z. u. Z. Polymere **213** (1966) 1/2, S. 55–69.

[11] *Willersinn, H.*: Schlagzähe Styrolpolymerisate. Makromol. Chemie **101** (1967) S. 296–319.

[12] *Gerrens, H.*: Entmischungserscheinungen der Hochpolymeren und ihre Bedeutung in der Technik, Chemie-Ing.-Technik **39** (1967) 18, S. 1053–1061.

[13] *Meißner, W.*, und *Berger, W.*: Zur Problematik der Herstellung von Chemiefaserstoffen aus Polymerlegierungen. Mitt. I. Faserforsch. u. Textiltechnik **16** (1965) 8, S. 400–408.

[14] *Meißner, W.*, und *Berger, W.*: Zur Problematik der Herstellung von Chemiefaserstoffen aus Polymerlegierungen. Mitt. II. Faserforsch. u. Textiltechnik **19** (1968) 9, S. 407–417.

[15] *Mumford, R. B.*, und *Nevin, I. L.*: Multipolymerfasern. Mod. Textiles Mag. **48** (1967) 4, S. 51–53.

[16] *Friese, K.*: Verträglichkeit und Kombinierbarkeit von polaren Hochpolymeren miteinander. Plaste u. Kautschuk **15** (1968) 9, S. 646–650.

[17] *Dash, J.*: Polymerengemische unter besonderer Berücksichtigung von Styrolpolymerisaten. Kunststoffe **57** (1967) 5, S. 328–337.

[18] *Akutin, M. S.*: Strukturchemische Effekte bei der Verarbeitung von Polymeren. Plaste u. Kautschuk **15** (1968) 6, S. 388–393.

[19] Seidenähnliche Fäden und Fasern („Silk-like-Fibres") in aller Welt. Chemiefasern **19** (1969) 7, S. 520–523.

[20] Die physikalischen Tatsachen über die Bikonstituentenfaser SOURCE. Textile Month (1968) 10, S. 112.

[21] ALLIEDS SOURCE represents a new generation of bikonstituent fibers and exemplifies the result of exhaustive fiber research and development. Mod. Textiles Mag. **49** (1968) 7, S. 48–50.

[22] TNO-Konferenz über neue synthetische Fasern. Z. ges. Textilindustrie **70** (1968) 5, S. 334.

[23] Fasern aus Polymermischungen. Chemiefasern **16** (1966) 4, S. 332.

[24] *Slonimskij, G. L.*: Mutual solubility of polymers and properties of their mixtures. J. Polymer Sci. **30** (1958) S. 625–637.

[25] *Kern, R. J.*: Component effect in phase separation of Polymer-Polymersolvent system. J. Polymer Sci. **21** (1956) 97, S. 19–25.

[26] *Parrini, P.*, und *Corrieri, G.*: Verträglichkeit von Polymeren und niedermolekularen Verbindungen mit kristallinen Polymeren. Makromol. Chemie **86** (1965) S. 271 bis 282.

[27] *Kanig, G.*, und *Neff, H.*: Beeinflussung der Entmischungserscheinungen in Polymersystemen durch Copolymerisation und Vernetzung. Makromol. Chemie **121** (1969) S. 75–86.

[28] *Molau, E.*: Heterogeneous polymer systems I. Polymeric oil-in-oil emulsion. J. Polymer Sci., A: General Papers **3** (1965) S. 1267–1278.

[29] Allied Chemical Co.: Faserbildende Mischungen aus Polyestern und Polyamiden und daraus herstellbare verstärkte Fasern. NdP 6600608 v. 19. 7. 1966.

[30] Kurashiki Rayon Co. Ltd.: Fasern aus Polymermischungen. FrP 1440248 v. 26. 5. 1965.

[31] I. C. I.: Fasern von Polykohlenwasserstoff/Polyamidester-Mischungen. NdP 6513613 v. 25. 4. 1966.

[32] Polyolefine mit verbesserter Färbbarkeit. JaP 27629/64 v. 2. 12. 1964.

[33] *Papero, P. V.*, *Kubu, E.*, und *Roldan, L.*: Fundamental property considerations in tailoring a new fiber. Textile Res. J. **37** (1967) 10, S. 823–833.

[34] I. C. I. Verbesserung der Färbbarkeit von Polyesterfasern. GBP 1024618 v. 30. 3. 1966.

[35] B. F. Goodrich Company, New York: Herstellungsverfahren von verspinnbaren Polymermischungen mit guter Anfärbbarkeit. SzP 350071 v. 5. 11. 1958.

[36] Montecatini Soc. Gen. Mailand: Polymermischungen und ihre Verwendung zur Herstellung von thermoplastischen Materialien und Textilfasern. SzP 410393 v. 9. 1. 1962.

[37] *Kuleznev, W. N.*, und *Igoschewa, K. M.*: Untersuchung der Dichte von Polymermischungen. Vysokomol. Soed. (Hochmol. Verbind.) **4** (1962) 12, S. 1858–1861.

[38] *Compostella, H.*, *Coen, A.*, und *Bertinotti, F.*: Fasern und Filme aus isotaktischem Polypropylen. Angew. Chemie **74** (1962) 16, S. 618–624.

[39] *Smelkov, R. E.*, und *Petrjaev, W. W.*: Abhängigkeit der rheologischen Eigenschaften von Polymermischungen vom Mischungsgrad. Plast. Massy, Moskva (Plast. Massen) (1966) 1, S. 32—34.

[40] *Natov, M. A.*, und *Dzhagarova, E. Ch.*: Rheologische Eigenschaften von Polymermischungen. Vysokomol. Soed. (Hochmol. Verbind.) **8** (1966) 10, S. 1835—1840.

[41] *Michajlov, N. V.*, *Saraj, T. A.*, und *Arseniev, A. B.*: Neue Ergebnisse auf dem Gebiet der Kolloidverfahren zur Herstellung von Faserstoffen und Folien. Chim. Volokna (Chem. Fasern) (1968) 5, S. 3—10; dt. in: Sowj. Beitr. Faserforsch. Textiltechnik **6** (1969) 1, S. 8—18.

[42] *Kiyek, Z. H.*, und *Schoon, Th. G. F.*: Elektronenmikroskopische Untersuchungen von Verteilungszuständen in Mischungen von Elastomeren. Kolloid-Z. u. Z. Polymere 208 (1966) 1, S. 22.

[43] Großproduktion von SOURCE-AC 001. Chemiefasern **18** (1968) 7, S. 490.

[44] *Slonimskij, G. L.*: Mechanische Eigenschaften von Polymermischungen. Vysokomol. Soed. (Hochmol. Verbind.) **6** (1964) 2, S. 219—223.

[45] *Perry, E.*: Blockcopolymere von Styrol und Acrylnitril. J. appl. Polymer Sci **8** (1964) 6, S. 2605—2618.

[46] *Nestruch, E. W.*, und *Judin, A. V.*: Erforschung des Einflusses von Zusätzen von Polyäthylenterephthalat zu Polypropylen auf die Eigenschaften der Filme. Mitt. I. Izv. vysšich. uč. Zav. Technol. legkoj Prom. (Hochschulnachr. Technol. Leichtind.) (1966) 5, S. 24 bis 29.

[47] *Vinogradov, G. V.*: Untersuchungen der Verträglichkeit von Polypropylen/Polyäthylen-Mischungen. Kolloid. Z., Moskva (Kolloid-Z.) **28** (1966) 5, S. 640—644.

[48] *Natov, M. A.*, und *Peeva, L. B.*: Untersuchung der Beziehung zwischen der Struktur und den Eigenschaften von Polymermischungen. Vysokomol. Soed. (Hochmol. Verbind.) **8** (1966) 10, S. 1846—1851.

[49] *Heinze, D.*: Physikalische Charakterisierung von Copolymeren und Polymergemischen. Makromol. Chemie **101** (1967) S. 166—187.

[50] *Shuur, G.*: Points of contact between rheology and crystallisation in polymers. Kolloid-Z. u. Z. Polymere **208** (1966) 2, S. 123—131.

[51] *Juilfs, J.*: Über neue Vorstellungen von der Struktur synthetischer Fasern. Chemiefasern **14** (1964) 11, S. 775 bis 779.

[52] *Kargin, V. A.*: Struktur und Eigenschaften von Polymeren. Pure appl. Chem. **12** (1966) 1/4, S. 35—61.

[53] *Zverev, M. P.*, *Byčkov, R. A.*, *Kostiner, T. F.*, und *Klimenkov, V. S.*: Über die Modifizierung der Eigenschaften von Polypropylenfasern. Chim. Volokna (Chem. Fasern) **6** (1964) 3, S. 15—19.

[54] *Lacko, V.*: Modifizierungsverfahren für faserbildende Polyester. ČSP 114652 v .15. 11. 1964.

[55] *Filbert, Maraveva* und *Pakšver, A. B.*: Sammelband Karpotsepnye Volokna. Moskva; Izdatel'stvo Chimija 1966, S. 181—189. Ref.: CA 100859x—67.

[56] Chemische Werke Hüls AG, 4370 Marl: Produkte aus Mischungen von Niederdruckpolyäthylen mit isotaktischem Polyproyplen. GBP 1047958 v. 22. 8. 1963.

[57] Kurashiki Rayon Co. Ltd.: Geformte Gegenstände, die aus einer Mischung aus wenigstens einem Polyester und einem Cyclovinylpolymeren oder -copolymeren, die evt. sulfoniert sind, bestehen. FrP 1366373 v. 9. 8. 1963.

[58] Eastman Kodak Co. Rochester: Fäden und Fasern aus modifizierten Polyestern. DAS 1258545 v. 15. 4. 1964.

[59] Monsanto Chemical Co.: Polymer-Gemisch. SzP 410399 v. 30. 9. 1958.

[60] I.C.I. Ltd.: Produkte mit faseriger Struktur. BeP 655743 v. 13. 5. 1965.

[61] Toyo Rayon Co. Ltd.: Gekräuselte Polyesterfasern JaP 6806, 541 v. 11. 3. 1968.

[62] I.C.I. Ltd.: Hochdehnbare Garne. NdP 6612962 v. 15. 3. 1967.

[63] *Kuleznev, V. N.*, *Konyuk, I. V.*, *Vinogradov, G. V.*, und *Dimitrieva, I. P.*: Rheologie binärer Polymermischungen Kolloid. Ž., Moskva (Kolloid-Z.) **27** (1965) 4, S. 540 bis 545.

[64] Montecatini Soc. Gen., Mailand: Verfahren zur Herstellung färbbarer Textilfasern. OeP 233162 v. 25. 4. 1964.

[65] *Filbert, D. W.*: Rheologische und faserbildende Eigenschaften binärer Schmelzmischungen auf der Basis Polypropylen. Chim. Volokna (Chem. Fasern) (1968) 3, S. 18—21.

[66] *Kargin, V. A.*, *Kozlov, P. V.*, *Bakeev, N. F.*, und *Zezin, A. B.*: Strukturbildung in Polymerlösungen. Faserforsch. u. Textiltechnik **18** (1967) 3, S. 134—141.

[67] *Natta, G.*, und *Compostella, M.*: Neue Entwicklung auf dem Gebiet der Polypropylenfaser. Z. ges. Textilind. **69** (1967) 11, S. 827—834.

[68] Allied Chemical Co.: Nylon 6 Reifencord mit Polyestermikrofibrillen. NdP 6504089 v. 19. 11. 1965.

[69] Firestone Tire & Rubber Co.: Polyamid/Polyester Mischungen mit verbesserter Spinnbarkeit. USP 3378056 v. 16. 4. 1968.

[70] *Nestruch, E. V.*, und *Judin, A. V.*: Untersuchungen auf dem Gebiet der Modifizierung von Chemiefaserstoffen aus Schmelzen von Polymergemischen. Mitt. II. Izv. vysšich uč. Zav. Technol. legkoj. Prom. (Hochschulnachr. Technol. Leichtind.) (1967) 2, S. 30—36; dt. in: Sowjet. Beiträge Faserforsch. Textiltechnik **5** (1968) 5, S. 243—247.

[71] E. I. du Pont de Nemours & Co.: Polyamide composition stabilized with polyoximethylene. USP 3198852 v. 3. 8. 1965.

[72] E. I. du Pont de Nemours & Co.: Segmented linear copolyesters of 2,5-disubstitued terephthalic acid. USP 3265762 v. 9. 8. 1966.

[73] Kurashiki Rayon Co. Ltd.: Method of manufacturing stable block copolyesters and polyesters mixtures. GBP 1060401 v. 25. 2. 1964.

[74] *Inoue, M.*: Eigenschaften von Schmelzmischungen kristalliner Polymerer, Schmelz- und Kristallisationsverhalten. J. Polymer Sci., A: General Papers **1** (1963) S. 3427—3438.

[75] Teijin Ltd.: Spinning process for fibres consisting of polyamides and polyesters. GBP 1126126 v. 29. 7. 1966.

[76] *Fujino, K.*: Mathematisch-physikalisches Modell zum Mischungstyp und rheologisches Verhalten einer mechanischen Mischung zweier Polymerer. J. appl. Polymer Sci. **8** (1964) S. 2147—2161.

[77] Verfahren zur Stabilisierung von geformten Polyolefinprodukten. JaP 1647/65 v. 23. 1. 1965.

[78] *Cebrenko, M. B.*, und *Judin, A. V.*: Untersuchung der Viskosität von Polyformaldehydschmelzen. 4. Mitt.: Einfluß von Polyamid-54-Zusätzen auf die Viskosität und das Fließverhalten der Schmelze. Izv. vysšich uč. Zav. Technol. legkoj. Prom. (Hochschulnachr. Technol. Leichtind.) (1968) 5, S. 63—68.

Eingegangen am 13. März 1970

Verbundwerkstoff-Fäden aus Schmelzedispersionen organischer Hochpolymerer

Klaus Dietrich und Siegfried Tolsdorf

Deutsche Akademie der Wissenschaften zu Berlin, Institut für Faserstoff-Forschung in Teltow-Seehof, Abt. Polykondensatfaserstoffe

DK 677.494:678.5/.8.02:678.5/.8-498.4:541.18.05:678.01.53:678.01:54

Es wird ein Überblick über Herstellung und Eigenschaften von Matrix-Fibrillen-Fäden aus Schmelzedispersionen organischer Hochpolymerer gegeben.

Композиционные нити на основе дисперсий расплавов органических высокополимеров

Приведены обзорные данные о получении и свойствах матрично-фибриллярных нитей на основе дисперсий расплавов органических высокополимеров.

Composite Filaments from Polymer Melt Dispersions

Preparation and properties of composite filaments from polymer melt dispersions are reviewed.

1. *Einleitung*

Neben der Modifizierung von fadenbildenden Hochpolymeren durch Copolymerisation oder Copolykondensation besteht die Möglichkeit, durch Vermischen von unterschiedlichen Polymeren in geschmolzenem Zustand modifizierte Faserstoffe herzustellen. Für Kunststoffe ist diese Technik schon uralt [1], hat aber in jüngster Zeit, besonders auf dem Kautschukgebiet, enorme Bedeutung erlangt. Auch auf dem Faserstoff-Sektor wurden die ersten Versuche zur Herstellung von Fäden aus Mischungen von Polymeren schon kurze Zeit nach der Entdeckung der Polyamide in den USA angestellt [2, 3].

Für die Verwendung von Schmelzedispersionen von organischen Hochpolymeren für die Fadenherstellung sind zwei Gesichtspunkte ausschlaggebend:

1. Faserstoffe lassen sich verbilligen durch „Verschneiden" teurer polymerer Rohstoffe mit billigen Polymeren. Als billige Mischungskomponenten bieten sich dabei vor allem Polyolefine oder Polystyrol an.
2. Durch Kombination der Eigenschaften der Mischungspartner lassen sich Spezialfaserstoffe herstellen, die einen Teil der Eigenschaften der Ausgangsstoffe in sich vereinigen.

Neben diesen Faserstoffen mit statistischer Verteilung der Polymeren über den Fadenquerschnitt haben Faserstoffe mit geometrischer Anordnung der Komponenten, die sogenannten „Bikomponentenfäden", eine zunehmende Bedeutung als selbstkräuselnde Fäden erhalten. Diese Systeme sind aber nicht Gegenstand der vorliegenden Zusammenfassung.

Die Nomenklatur der Fäden aus Schmelzedispersionen ist bisher noch nicht einheitlich. In der angelsächsischen Literatur werden sie als „matrix-fibril"- oder „biconstituent"-fibers [4, 5] bezeichnet. Teilweise findet sich auch noch die Bezeichnung „bicomponent-fibers" [6], die sich aber inzwischen für Fadensysteme mit geometrischer Anordnung der Komponenten durchgesetzt hat.

Wir bezeichnen Fäden aus Schmelzedispersionen mit einem in der Werkstoffkunde gebräuchlichen Begriff [7] als Verbundwerkstoff-Fäden.

2. *Allgemeine Gesichtspunkte der Herstellung von Verbundwerkstoff-Fäden*

Voraussetzung für die Herstellung von Verbundwerkstoff-Fäden ist die intensive Vermischung von verschiedenen schmelzflüssigen polymeren Rohstoffen. Die technischen Möglichkeiten dazu zeigt Bild 1. In fester Form (Granulat, Pulver) vorliegende Polymere werden mechanisch gemischt und die Mischung direkt über einen Extruder gesponnen (1). Es ist aber auch möglich, die mechanische Mischung über einen Estruder zu granulieren und anschließend zu spinnen (2). Eine weitere Möglichkeit stellt das getrennte Aufschmelzen der Rohstoffe, Dosieren in eine Mischvorrichtung und Ausspinnen dar (3).

Die Möglichkeiten 1 und 2 setzen eine statistische, mechanische Vermischung der meist in Granulatform vorliegenden Ausgangsprodukte voraus. Diese Forderung ist jedoch für eine großtechnische Produktion nur schwer zu erfüllen. Ungleichmäßige Verteilung der Ausgangsschnitzel verhindert beim Aufschmelzen im Extruder die völlige Homogenisierung der Schmelze, die aus der Spinndüse austretenden Schmelzestrahlen sind deshalb längs der Fadenachse rheologisch uneinheitlich. Beim Abziehen treten dann unregelmäßig verteilte Dickstellen im spinnenden Faden auf. Diese Erscheinung ist als „Regen-Effekt" bekannt [8]. Bei sehr gleichmäßiger Durchmischung der Ausgangsmaterialien ist eine für Kunststoff-Formgegenstände ausreichende Homogenisierung der Schmelzedispersion im Einschneckenextruder möglich [9], für das Erspinnen von Fäden muß diese Verteilungsgüte aber noch nicht in jedem Fall genügen [8].

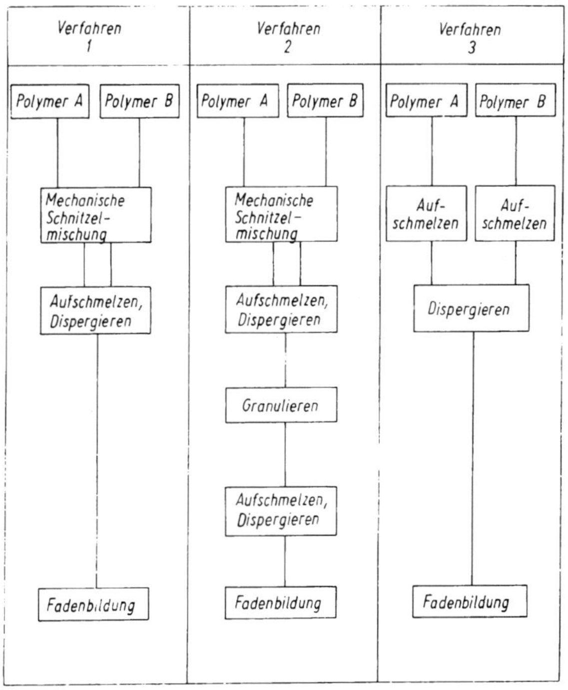

Bild 1. Schematische Darstellung der Verfahren zur Herstellung von Matrix-Fibrillen-Fäden

Im Einschneckenextruder ist die Schneckencharakteristik von großer Bedeutung für den Mischeffekt. Flache Ausstoßzonen, Kühlung der Schnecke und Druckerhöhung begünstigen die Mischwirkung [10]. Außerdem wurden Spezialschnecken mit besonders guten Mischeigenschaften entwickelt (vgl. z. B. [11]).

Die Variante 2 kann zu einer besseren Homogenisierung der Schmelzedispersion führen [8]; dabei müssen aber die Substanzen zweimal über die Schmelze verarbeitet werden. Bei thermisch empfindlichen Polymeren erhöht sich deshalb die Gefahr von Abbau- bzw. Austauschreaktionen. Außerdem ist der maschinelle und Arbeitsaufwand wegen des Umgranulierens und der Granulattrocknung höher als bei Variante 1.

Das beste Verfahren ist sicher die dritte Variante (Bild 1), bei der die individuell hergestellten Schmelzen intensiv vermischt und gesponnen werden [14]. Geht man dabei ebenfalls von festen Rohstoffen aus, ist der maschinentechnische Aufwand wegen der zwei Extruder und des speziellen Mischaggregats noch höher. Dafür gibt dieses Verfahren aber die Gewähr, daß die Konzentration der fibrillenbildenden Komponente konstant gehalten werden kann.

Diese Gegenüberstellung der Möglichkeiten zur Herstellung von Verbundwerkstoff-Fäden zeigt, daß vom „Verschneiden" teurer Faserstoffe mit sehr billigen Produkten abgesehen, kaum damit gerechnet werden kann, daß Verbundwerkstoff-Faserstoffe billiger als die individuellen Faserstoffe hergestellt werden können. Ihr Einsatz wird deshalb auf Spezialzwecke beschränkt bleiben.

Nach der Dispergierung muß die Verweilzeit der Dispersion im geschmolzenen Zustand so kurz wie möglich gehalten werden, da der Dispersionsgrad nach Erreichen des Maximums wieder abnimmt [12]. Außerdem werden Austausch- und Abbaureaktionen der Komponenten durch kurze Verweilzeiten verringert.

Am Ende der Extruderschnecke, bzw. nach Austritt aus dem Mischer, liegt das in geringer Menge zugesetzte Polymere in Form sehr kleiner, schmelzflüssiger Partikel in der Hauptkomponente verteilt vor. Die Dispersion wird anschließend durch die Spinnpumpen der Spinndüse zugeführt. Durch den Verzug beim Spinnen und die Orientierungsreckung erhalten diese Teilchen in der Matrix je nach Herstellungsbedingungen und Komponentenverhältnis die Gestalt von orientierten Mikrofibrillen mit etwa 0,05 bis 5,0 μm Durchmesser und unterschiedlicher Länge (vgl. z. B. [4, 13]).

3. *Spezielle Verbundwerkstoff-Fadensysteme*

3.1. *Polyamid und Polyester*

Das System Polyamid (speziell Polycaprolactam bzw. Polyhexamethylenadipamid)/Polyester (speziell Polyäthylenterephthalat) ist die einzige Polymerkombination, aus der bisher kommerziell erhältliche Verbundwerkstoff-Fäden in industriellem Maßstab hergestellt werden (Tabelle 1).

Das Grundpatent für Fäden aus Polyhexamethylenadipamid (Polyamid 6,6) und Polyäthylenterephthalat wurde 1954 von *Breen* angemeldet [13]. Dabei wurde jedoch weniger dem ganzen Faden, als vielmehr den durch Auflösen der Polyamid-6,6-Matrix in Ameisensäure zurückbleibenden orientierten Polyester-Fibrillen Bedeutung beigemessen.

Mit der Einführung des Extruderspinnens und den damit verbundenen kurzen Schmelzeverweilzeiten in den Aufschmelz- und Spinneinrichtungen wurden fadenbildende Schmelzedispersionen eingehend untersucht.

Ziel der Modifizierung von Polyamiden durch Zusatz von Polyäthylenterephthalat war die Erhöhung des Anfangsmoduls von Polyamidcord für den Einsatz in PKW-Reifen. Mit Polyamidcord ausgestattete Reifen an Personenkraftwagen zeigen den Nachteil, daß beim Abstellen der Wagen auf Grund unterschiedlicher Moduli des Cords bei Raumtemperatur

Tabelle 1. Verbundwerkstoff-Fäden aus Polyamiden und Polyäthylenterephthalat

Name	Zusammensetzung	Firma	Literaturzitat
EF 21, EF 121 AC 0001 SOURCE	70% Polycaprolactam 30% Polyäthylenterephthalat	Allied Chemical Corp.	[6, 15, 16, 17, 18, 19]
ENKALON D 301 ENKATRON	70% Polyamid 6,6 30% Polyäthylenterephthalat	AKU	[20, 21]
NF 20 NS-Fibre	70% Polyamid 6,6 bzw. Polycaprolactam 30% Polyäthylenterephthalat	Firestone Tire and Rubber Co.	[15, 16]
S 28	70···95% Polycaprolactam 30···50% Polyäthylenterephthalat	Teijin Ltd.	[15, 17]

und Arbeitstemperatur eine Abflachung der Standfläche der Reifen auftritt [22, 23].

Durch Zusatz von Polyester zu Polyamiden wird nicht nur der Anfangsmodul des Polyamidcords bei Raumtemperatur (Bild 2), sondern auch bei höheren Temperaturen wesentlich erhöht [4, 20, 21, 22]; deshalb vermindert sich auch die Standabflachung (engl. flatspotting). Die im Laboratorium an verschiedenen Materialien gefundenen Modulunterschiede bei 23 und 100 °C und ihre Beziehung zur Standabflachung zeigt Tabelle 2.

EF 121 (Tabelle 1) bewirkte danach eine um ewa 40% geringere Standabflachung als Polycaprolactamcord. Polypropylen mit hohem Modul bei Raumtemperatur besitzt bei 100 °C einen sehr niedrigen Modul und deshalb auch den höchsten im Labor gefundenen Flatspot-Index. Trotzdem wurde auch speziell die Verwendung von Polypropylen als Reifencord beschrieben [24].

Die große Bedeutung von Cordmaterialien mit verminderter Standabflachung veranlaßte eine Vielzahl von Firmen zu Arbeiten an der Herstellung von Verbundwerkstoff-Fäden aus Polyamiden und Polyäthylenterephthalat.

3.1.1. *Binäre Mischungen*

Polycaprolactam mit sehr geringer Aminoendgruppenkonzentration ($[NH_2] \sim 10\mu$ Äqu/g) und Polyäthylenterephthalat werden in Granulatform gemischt und nach

Tabelle 2. Vergleich der physikalischen Eigenschaften von unterschiedlichen Cordmaterialien (nach [22])

Material	Modul in p/den 23 °C	Modul in p/den 100 °C	Tg °C	Laboratoriums-Flatspot-Index
Polycarbonat	41	35	150	0
Kunstseide*	150	130	150	8
Polyester*	127	78	70···80	12
EF 121**	78	50	55···65	20
Polycaprolactam*	47	22	45···50	33
Polypropylen	77	20	···10	43

* kommerzielle Reifencorde
** vgl. Tabelle 1

Tabelle 3. Abhängigkeit der Eigenschaften vom Mischungsverhältnis (nach [25])

Mischverhältnis Polyäthylen-terephthalat	Polycaprolactam	Festigkeit p/den	Dehnung %	Festigkeitsverlust nach dem Erhitzen	Löslichkeit*) in Ameisensäure %
—	100	8,9	16	53	100
10	90	8,8	14	16	93
30	70	8,7	12	4	72
50	50	8,5	9	13	
100	—	8,5	6	14	2

* Lösezeit: 1 h bei 27 °C

Variante 1 (Bild 1) gesponnen [25, 26]. Die Festigkeit der heiß gereckten Fäden erwies sich dabei unabhängig von der Zusammensetzung der Mischung [25], jedoch ist der Festigkeitsverlust beim Erhitzen bei einem Polyäthylenterephthalatgehalt von 30% am niedrigsten (Tabelle 3). Löseversuche in Ameisensäure zeigten, daß keine chemische Umsetzung eintritt. Mit reglerfreien Polyamiden können sich aber während des gemeinsamen Aufschmelzens im Extruder durch Aminolyse des Polyäthylenterephthalats Gelteilchen bilden. Die Nachstabilisierung der Aminoendgruppen von partiell endgruppenblockiertem Polycaprolactam soll beim Spinnen mit Polyäthylenterephthalat in einem „Eintopfverfahren" durch Zusatz von 0,5 bis 3,0 Äquivalenten Sebacinsäure pro Aminoendgruppenäquivalent direkt im Extruder möglich sein [27]. Da die Verweilzeiten der Schmelzemischung im Extruder nur wenige Minuten betragen, müßte auch reines Polycaprolactam nachträglich so zu stabilisieren sein.

Laborversuche [28] zeigten aber, daß Sebacinsäure in so kurzen Zeiten nicht mit den Aminoendgruppen des Polyamids reagiert (Bild 3). Diese Laborversuche wurden durch Extruderspinnversuche bestätigt (Tabelle 4). Der starke Abfall der rel. Lösungsviskosität beim Spinnen beweist die zu erwartende acidolytische Wirkung der zugesetzten Säure. Im Falle der amidartigen Bindung der Sebacinsäure entsteht außerdem Wasser, das bei der bekannten Hydrolyseempfindlichkeit des Polyäthylenterephthalats (vgl. z. B. [30]) zu dessen Abbau führen muß.

Ein wirksames Verfahren zur nachträglichen weitgehenden Blockierung der Aminoendgruppen von Polyamiden, selbst bei den kurzen Verweilzeiten des Extruderspinnens, ist die Umsetzung mit Diacylimiden [28, 31].

Bei der eingehenden Untersuchung des Spinnens von Mischungen aus Polyamiden und Polyestern mit unterschiedlichen Endgruppenkonzentrationen und Molmassen wurde gefunden, daß die Schergeschwindigkeiten beim Aufschmelzen der Granulatmischung im Extruder und beim Spinnen sehr hoch sein müssen. Es werden deshalb relativ enge Schmelzeleitungen und enge Düsenkanäle mit konischen Einlaufbohrungen empfohlen [32].

Individuell hergestellte Polyamid-6,6- und Polyäthylenterephthalatschmelzen werden nach Variante 3 (Bild 1) in einem Blockmischer [33] gemischt und gesponnen. Solche Fäden besitzen einen niedrigen „Flatspot-Index" und bessere Hitzebeständigkeit als EF 121 [34].

Nach Variante 2 (Bild 1) mit Vormischen im Doppelschneckenextruder werden Verbundwerkstoff-Fäden aus 70% Polycaprolactam und 30% Polyäthylenterephthalat hergestellt [35]. Durch Zusatz von Äthylen-bis-Stearinsäureamid („Acrowachs C") als Gleitmittel kann die Vormischung über die schmelzflüssige Phase aber vermieden und nach Variante 1 gearbeitet werden [35, 36].

Nach GBP 1121126 [37] besitzt die Spinntemperatur beim Verfahren nach Variante 1 (Bild 1) einen beträchtlichen Einfluß auf die Fadeneigenschaften. Bei Zusatz von mehr als 10% Polyäthylenterephthalat soll ein Temperaturbereich existieren, in dem die Mischung nicht spinnbar ist. Die Ungleichmäßigkeit der Fäden wird bei Annäherung an diesen Bereich immer größer, bis das Spinnen unmöglich wird. Bei höheren Temperaturen nehmen die Ungleichmäßigkeiten wieder ab, die Spinntemperatur ist aber dann so hoch, daß Reaktionen zwischen den Komponenten eintreten und die Fadeneigenschaften deshalb schlechter werden (Bild 4). Daraus wird abgeleitet, daß die Spinntemperaturen niedrig sein müssen [37, 38]. Es ist verständlich, daß bei den geforderten Spinntemperaturen von 20 grd unter bis 10 grd über dem Polyäthylenterephthalatschmelzpunkt die „Kristallinität" des Polyäthylenterephthalats einen Einfluß auf die Fadeneigenschaften besitzt (Tabelle 5). Man kann einmal das Polyäthylenterephthalat-Granulat unter der Kristallisationstemperatur trocknen oder die Polyamid/Polyäthylenterephthalat-Schnitzelmischung bei höheren Temperaturen aufschmelzen und dispergieren; während der Zuführung zur Spinndüse muß die Dispersion dann aber wieder abgekühlt werden, um in den Bereich der geringen Fadenungleichmäßigkeit in Bild 4 zu gelangen [37].

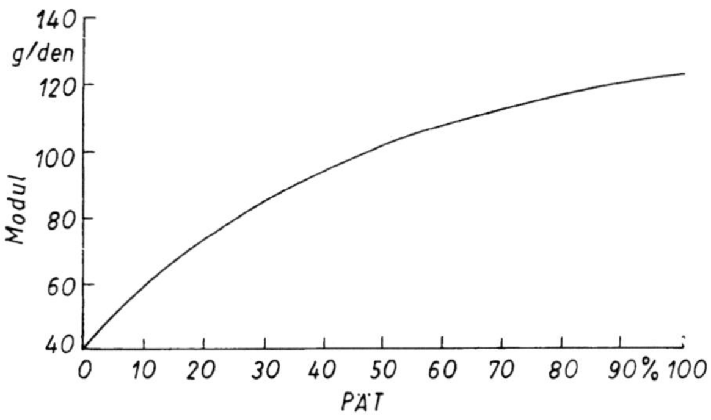

Bild 2. Abhängigkeit des Anfangsmoduls von Polycaprolactamfäden vom Polyäthylenterephthalatgehalt (nach [4]).

Tabelle 4. Extruderspinnversuche mit Polycaprolactam und Sebacinsäure (0,58 Äquivalente pro Äquivalent NH_2-Gruppen) Polycaprolactam: η_{rel} (0,5%ig in 95,6%iger H_2SO_4, 20 °C) 1.595; $[NH_2]$ = 41,6 μÄqu/g, Spinntemperatur 280 °C [29]

Versuchs-Nr.	Zusatz	Verweilzeit min	Faden η_{rel}	Faden $[NH_2]$
427	—	6	1,603	32,36
		3	1,596	34,10
435	Sebacinsäure	6	1,520	33,40
		3	1,546	34,70
442	Sebacinsäure	6	1,515	31,00
		3	1,537	33,10

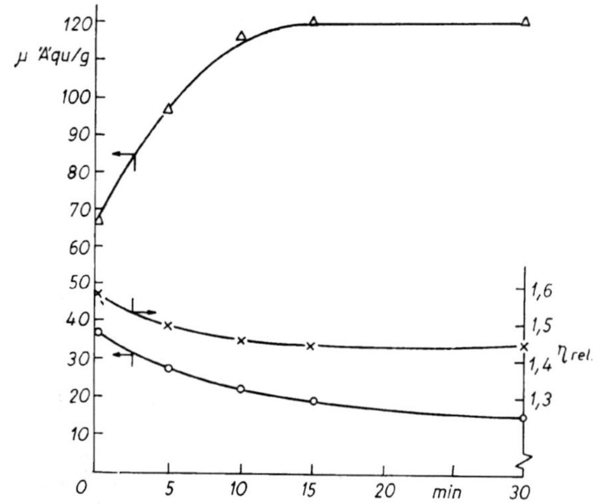

Bild 3. Veränderung von rel. Lösungsviskosität[1] (x) und Endgruppenkonzentration ([COOH] = Δ; [NH_2] = 0) beim Aufschmelzen von Polycaprolactam mit der aminogruppenäquimolaren Menge Sebacinsäure

[1]) gemessen in Lösungen von 0,5 g/dl in 95,6%iger H_2SO_4 bei 20 °C.

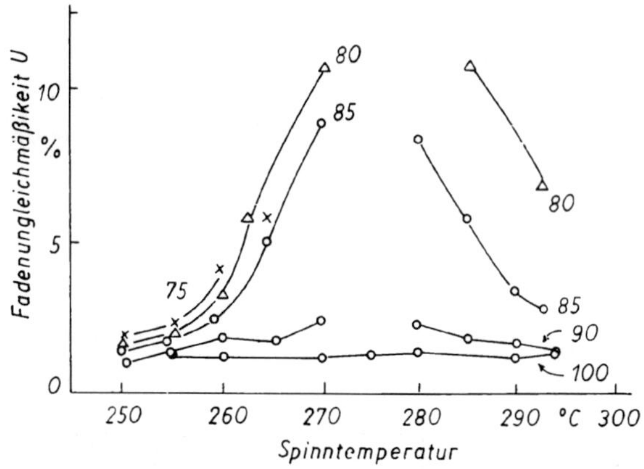

Bild 4. Beziehung zwischen Fadenungleichmäßigkeit (U%), Spinntemperatur und Zusammensetzung einer Mischung von Polycaprolactam ([η] in m-Kresol bei 35 °C 1,03 dl/g) und Polyäthylenterephthalat ([η] in o-Chlorphenol bei 35 °C 0,65 dl/g). Die Zahlen an den Kurven bedeuten Masse% Polycaprolactam in der Mischung (nach [37]).

Weiterhin wird der Zusatz von Phenyl-β-naphthalin zur Verbesserung der Spinnbarkeit [39] und von Kupferverbindungen zur Verbesserung der Thermostabilität [40, 41] beschrieben. Durch Behandlung mit Lösungs- bzw. Quellmitteln für das Polyamid erhalten die Fäden eine niedrigere Dichte und einen weicheren Griff [42].

Spezielle Abkühlungsbedingungen für Verbundwerkstoff-Fäden werden angegeben [43, 44]; für Teppichgarn (Festigkeit 5 p/den; Dehnung 30%; Modul 50 p/den) können die schmelzflüssigen Fäden aber auch unmittelbar unterhalb der Düse zur Verbesserung der Gleichmäßigkeit auf 320 bis 380 °C erhitzt werden [45].

3.1.2. Ternäre Mischungen

Polycaprolactam bzw. Polyhexamethylenadipamid und Polyäthylenterephthalat sind in Schmelzeform in allen

Tabelle 5. Einfluß der „Kristallinität" des Polyäthylenterephthalats auf die Spinneigenschaften einer Mischung aus 80% Polycaprolactam ([η] = 1,03 dl/g) und 20% Polyäthylenterephhalat ([η] = 0,65 dl/g) [37]

Spinnbedingungen	25 mm-Extruder
Höchste Zylindertemperatur	265 °C
Spinntemperatur	250 °C
Verweilzeit	6 min
Düse	45 × 0,3 mm
Spritzgeschwindigkeit	12,5 m/min
Abzug	1000 m/min
Reckverhältnis	1:3,14 bei Raumtemp. über Stift

Kristallinität des PÄT %	Spinnbarkeit	Ungleichmäßigkeit des unverstreckten Fadens %	Fadeneigenschaften den	p/den	Dehnung %
5,6	gut	1,6	135	5,65	33
32,1	schlecht	3,1	nicht verstreckbar		

Mischverhältnissen unverträglich. Bei den nicht den unmittelbaren Scherkräften des Extruders ausgesetzten Schmelzedispersionen kann deshalb auch auf dem Wege bis zur Spinndüse wieder Entmischung eintreten. Diese Entmischung kann durch Zusatz von Dispergiermitteln verzögert werden. Das einfachste Dispergiermittel für das System Polyamid/Polyester dürften partielle Umsetzungsprodukte (Blockcopolyesteramide) sein.

Aliphatische Polyamide und Polyester reagieren bei 280 °C nur langsam miteinander [46]. Anderseits sind die Hydroxyäthylendgruppen von Bis-β-hydroxyäthylterephthalat gegenüber Polycaprolactam besonders reaktionsfähig: Bei 265 °C ist schon nach 20 bis 30 min völlige Umamidierung bis zum Gleichgewicht eingetreten [47].

Zur Herstellung von Blockcopolyesteramiden als Mischungsvermittler für Verbundwerkstoff-Fäden wird vorzugsweise mit Hexamethylendiamin stabilisiertes (stark aminoendgruppenhaltiges) Polycaprolactam verwendet. Durch die Verweilzeit in der Schmelze läßt sich der Umamidierungsgrad variieren. Mit zunehmender Verweilzeit nehmen die Löslichkeit in siedendem o-Dichlorbenzol zu und der Kristallitschmelzpunkt ab. Für die Fadenherstellung eignen sich besonders solche Produkte, die nur einen geringen Umsetzungsgrad (geringe Löslichkeit in o-Dichlorbenzol) besitzen [48]. Auch ein speziell hergestelltes Reaktionsprodukt (15 bis 30 min; ca. 300 °C) aus 70% Polycaprolactam und 30% Polyäthylenterephthalat kann Granulatmischungen von Polycaprolactam und Polyäthylenterephthalat zur Verbesserung der Verträglichkeit vor dem Spinnen zugesetzt werden. Durch das Umsetzungsprodukt werden die Fäden gleichmäßiger, die Mischung ist besser spinnbar [49].

Besonders einfach erscheint das Verfahren von *Toyo Rayon*, bei dem Polycaprolactam und Polyäthylenterephthalat über den Extruder vorgemischt werden (Variante 2, Bild 1). Die Herstellung des Blockcopolyesteramides erfolgt dann in fester Phase an der Oberfläche der Polyesterteilchen in der Polyamidmatrix [50]. Das Polycaprolactam enthält 98% Aminoendgruppen, die Verweilzeit im Extruder beim Vorgranulieren beträgt 8 min (dabei tritt *keine* Reaktion ein). Beim Trocknen des Granulats (12 h bei 180 °C/1 bis 2 Torr) entsteht ein Produkt mit der gleichen Grenzviskosität wie bei 4 h Reaktion in der Schmelze (Fadeneigenschaften s. Tabelle 6). Durch Zusatz von ca. 20% des Blockcopolyesteramides zu Schnitzelmischungen aus Polycaprolactam

Tabelle 6. Verbundwerkstoff-Fäden aus Schmelze-Reaktionsprodukten von Polycaprolactam und Polyäthylenterephthalat (4 h, 280°C/1 bis 2 Torr) und Reaktionsprodukten von Schmelzedispersionen in fester Phase (12 h, 180°C/1 bis 2 Torr) nach [50]

	Festigkeit p/den	Dehnung %	Anfangsmodul p/den
Faden aus dem Schmelzverfahren	1,3	15,3	30,2
Faden nach Reaktion in fester Phase	4,3	35,7	59,9

und Polyäthylenterephthalat wird die Spinnbarkeit der Mischung ebenfalls besser.

Als weitere Zusätze werden 5 bis 20% Polyhexamethylenisophthalamid [51] und 2% Polycaprolactam (zur Mischung Polyamid 6,6/Polyäthylenterephthalat) [52] verwendet. Dabei wird der Molmassenbereich beider Ausgangsprodukte eingeengt; wenig geeignet ist Polyamid 6,6 mit rel. Lösungsviskositäten über 2,0 (Ameisensäure, 20°C, 1%ig.) und Polyäthylenterephthalat mit rel. Lösungsviskositäten von unter 1,50 (o-Chlorphenol, 25°C, 1%ig (Tabelle 7). Auch Polyalkylenoxide [53, 54], Lactone bzw. Polylactone [55], Polytetramethylensuccinamid [56] und aromatische Polyamide [57] werden als dritte Komponente empfohlen. Copolyamide zur Verbesserung der Verträglichkeit scheinen besonders wirksam zu sein. Elektronenmikroskopische Oberflächenaufnahmen zeigen, daß die rauhe, von abgelagerten Polyäthylenterephthalat-Teilchen strukturierte Oberfläche von Polycaprolactam/Polyäthylenterephthalat-Fäden durch Zusatz von Copolyamiden zur Schnitzelmischung praktisch mit der Fadenoberfläche von reinen Polycaprolactam-Fäden identisch wird [57].

3.1.3. Quarternäre Mischungen

Für das Spinnen quaternärer Mischungen ist bisher nur ein Beispiel bekannt [58], bei dem der Schnitzelmischung aus Polycaprolactam und Polyäthylenterephthalat sowohl ein Blockcopolyesteramid zur Verbesserung der Verträglichkeit als ein Polyamid/Polyäthylenoxid-Pfropfcopolymeres zugesetzt werden. Durch das Pfropfcopolymere wird das Fadenmaterial permanent antistatisch ausgerüstet.

Schmelzedispersionen aus Polyamiden und Polyestern werden schließlich auch als eine Komponente für Bikomponentenfäden verwendet (vgl. z. B. [59, 60, 61].

3.2. Polyamid und Polyamid

Die ersten Versuche zur Herstellung von Fäden aus Polyamidmischungen wurden bereits kurze Zeit nach der Entdeckung der Polyamide angestellt. Fäden aus mechanischen Polymermischungen von Polyamid 6,6 (F = 245°C) und Polyamid 5,10 (F = 194°C) besitzen bei Gehalten von über 25 Masse% Polyamid 6,6 Schmelzpunkte von etwa 240°C. Das statistische Copolyamid aus äquimolaren Anteilen dieser Komponenten schmilzt dagegen schon bei 155 bis 157°C [62].

Fäden mit erhöhter Feuchteaufnahme entstehen beim Mischen von Polyamid 6,6 und Polytriglykoladipamid (wasserlöslich, Schmp. 160°C). Mit zunehmender Schmelzdauer nimmt der wasserlösliche Anteil ab, d. h., es werden partiell Blockpolyamide gebildet [63].

Fäden aus Polyamidgemischen können höhere Anfangsmoduli als Polycaprolactam- oder Polyamid-6,6-Fäden besitzen, deshalb sollte die Verwendung als Reifencord möglich sein.

Durch Spinnen von Mischungen aus Polyamiden mit Glasübergangstemperaturen von unter 120°C und über 140°C werden Fäden mit hohem Anfangsmodul, speziell für Reifencord, erhalten. Die Fadenherstellung erfolgt nach den Varianten 1 und 2 (Bild 1) mit Verweilzeiten im Extruder von ca. 5 min. In fast 100 Beispielen mit detaillierten Angaben der Fadeneigenschaften wurde eine große Anzahl von Polyamidkombinationen untersucht [64]. Fäden mit hohem Anfangsmodul werden auch aus Mischungen von Polycaprolactam mit Copolyamiden aus Benzylamin-3- und -4-carbonsäure bzw. Aminomethylcyclohexan-4-carbonsäure und Benzylamino-3-carbonsäure [65], aus Polyamid 6,6 und Poly(2,5-dimethyl-p-phenylen-bis-β-äthylsebacinamid) [66], aus Mischungen von Polyamid 6,6 mit aliphatisch-aromatischen Polyamiden [67] sowie Mischungen verschiedener aliphatisch/aromatischer Polyamide [68] beschrieben.

Weitere Anwendungsgebiete für Polyamidmischungen sind die Herstellung von Hochschrumpffäden aus Polycaprolactam und Polyhexamethylenisophthalamid [69], die Verbesserung der Anfärbbarkeit (vgl. z. B. [70, 71]) sowie die Erhöhung von Thermostabilität und Hygroskopizität durch Mischen von Poly-β-alanin und Polycaprolactam [72]. Wie Polyamid/Polyester-Gemische werden auch Schmelzedispersionen verschiedener Polyamide zur Herstellung von Bikomponentenfaserstoffen verwendet (vgl. z. B. [73, 74, 75]).

Die Herstellung von Fäden aus echten Polyamidmischungen ist wegen der großen Wahrscheinlichkeit von Zwischenkettenaustausch-Reaktionen sicher schwer zu realisieren. Die Geschwindigkeit dieser Reaktionen ist der Konzentration der Komponenten und der Quadratwurzel der Carboxyl-

Tabelle 7. Herstellungsbedingungen und Eigenschaften von Verbundwerkstoff-Fäden aus 60 Masse-T. Polyamid 6.6, 40 Masse-T. Polyäthylenterephthalat und 2 Masse-T. Polycaprolactam [52] (Spinntemperatur 285°C, Düse 5 × 0,4 mm, Fördermenge 4,7 g/min)

Ausgangsprodukte η_{rel}*) PA	Ausgangsprodukte η_{rel}*) PÄT	Schneckendruck at	Spinndruck at	Abzug m/min	Reckverhältnis**)	Modul p/den	Festigkeit p/den	Dehnung %
2,0	1,80	21	167	308	1:5,5	85	9,2	12,5
2,0	1,57	7	154	308	1:5,5	94	9,5	8,8
2,4	1,45	28	96	250	1:4,0	62	3,9	8,7
2,4	1,57	7	167	308	1:4,0	89	5,4	11,5
2,0	1,45	14	91	308	1:4,0	52	4,4	32

*) Die relative Lösungsviskosität des Polyamids wurde in 1%iger Lösung in Ameisensäure bei 25°C, die des Polyäthylenterephthalats in 1%iger Lösung in o-Chlorphenol bei 25°C bestimmt.

**) Alle Fäden wurden heiß über Stift und Schiene gereckt.

endgruppenkonzentration proportional und nimmt mit steigendem Wassergehalt zu. Ob in völlig wasserfreien, carboxylendgruppenfreien Modellmischungen Austauschreaktionen eintreten, konnte nicht geklärt werden [76]. Fest steht aber, daß unter solchen Bedingungen die Reaktionen außerordentlich langsam verlaufen, wie an Aufschmelzversuchen von cyclischen Caprolactam-Oligomeren nachgewiesen wurde. Auch hier beschleunigt Wasser die Austauschreaktion [77]. Umamidierungen ohne Endgruppeneinfluß werden auch von *Koršak* und *Frunze* diskutiert, die verwendeten Polyamide waren aber nicht endgruppenfrei, so daß auch hier kein schlüssiger Beweis erbracht werden konnte [78].

Auf den Wasser- und Endgruppeneinfluß auf Umamidierung wird auch von *Zimmermann* hingewiesen [64].

3.3. Polyamid und Polyolefine

3.3.1. Polyamid und Polyäthylen

Polyamide und Polyäthylen sind über den gesamten Mischbereich unverträglich [79]. Beim Spinnen derartiger Mischungen kann deshalb bei ungenügender Homogenisierung der Schmelze der schon erwähnte „Regen"-Effekt auftreten. Durch Vordispergierung des Polyäthylens im Polyamid (Variante 2, Bild 1) und Zusatz von langkettigen Fettsäurederivaten als Dispergiermittel können aber Fäden mit großer Feinheit (z. B. 26 (6) den) hergestellt werden, bei denen die Größe der Polyäthylenteilchen in der Polyamidmatrix unter 30 μm beträgt [8]. Die Festigkeiten der Fäden betragen 3 bis 5,6 *p*/den bei einer Reißdehnung von etwa 15%. Den Einfluß der Dispergiermittel auf die Polyäthylenteilchengröße zeigt Tabelle 8.

In einigen Patenten zur Herstellung von Fäden aus Polyamid/Polyolefin-Mischungen werden Kühlvorrichtungen zum Abschrecken der Fäden unmittelbar unter der Spinndüse gefordert. Am Beispiel einer Polyamid 6,6 (60 Masse-%)/Polyäthylen (40 Masse-%)-Mischung, die bei 270 °C über einen Extruder gesponnen wird (Düse 300 × 0,25 mm; Fördermenge 300 g/min) wurde gezeigt, daß ohne Abschrecken der Fäden kein stabiler Spinnverlauf zu erreichen ist. So sind bei einer Temperatur von 205 °C 0,5 cm unterhalb der Düse die Schmelzedispersionsfäden nicht aufspulbar, unter speziellen Kühlbedingungen (Temperatur an der gleichen Stelle 80 °C) konnte dagegen mit einer Geschwindigkeit von 1200 m/min abgezogen werden [80].

Ein interessantes Beispiel für Einsatzmöglichkeiten von Fäden aus Schmelzedispersionen von Polyamiden bzw. Polyestern und Polyäthylen, Polypropylen oder Polystyrol wird von der Fa. Kurashiki Rayon Co. gezeigt. Gereckte Fäden aus Schmelzedispersionen der genannten Polymeren werden auf eine Länge von 0,5 mm geschnitten und den entsprechenden Polyolefinen vor der Spritzgußverarbeitung zugesetzt. Die Polykondensatfibrillen schmelzen bei der Verarbeitung nicht und erhöhen die Schlagfestigkeit, die Heißwasser- und Hitzebeständigkeit der Polyolefin-Formgegenstände. Auf diese Weise werden echte, mit organischen Fibrillen verstärkte Verbundwerkstoffe erhalten [81].

Schließlich soll der Zusatz von 3 Masse-% oxydiertem Polyäthylen die Trockenscheuerfestigkeit von Polyamid-6,6-Faserstoffen um fast 50% erhöhen [82].

3.3.2. Polyamid und Polypropylen

Der Zusatz von Polypropylen zu Polyamiden ist in den meisten Patenten über Fäden aus Polyamid/Polyäthylen-Schmelzedispersionen in Beispielen oder Ansprüchen mit erfaßt [8, 80, 81].

Hauptgegenstand der Veröffentlichungen über Polyamid/Polypropylen-Mischungen ist die Verbesserung der Anfärbbarkeit von Polypropylenfaserstoffen. Da die Verbesserung des Färbeverhaltens von Polypropylenfäden nicht Gegenstand der vorliegenden Literaturübersicht ist, wird auf spezielle Beispiele verzichtet. Allgemein kann festgestellt werden, daß die textilphysikalischen Eigenschaften von Polypropylenfaserstoffen durch Zusatz von anderen Polymeren meist verschlechtert werden (vgl. z. B. [83, 83a]).

Die Unverträglichkeit von Polyamiden, speziell Polycaprolactam, und Polypropylen (bzw. Polyäthylen) wird zur Herstellung von fribrillierten Einzelfäden ausgenutzt. Dazu werden etwa gleiche Masseanteile beider Polymerer in Granulatform gemischt und nach dem Spinnen und Recken die Fäden zwischen Kalanderwalzen fibrilliert. Die Fibrillen werden nicht völlig voneinander getrennt, es entstehen netzwerkartige Fäden [84]. Die leichte Fibrillierbarkeit von Polyamid/Polyolefin-Mischungen kann auch zur Herstellung von Spaltfasern ausgenutzt werden [85]. Durch Zusatz von geringen Mengen Calciumchlorid wird die Anfärbbarkeit von Verbundwerkstoff-Fäden aus gleichen Anteilen Polycaprolactam und Polyolefinen stark verbessert [86].

3.3.3. Polyamid und Polystyrol

Fäden aus Polyamid/Polystyrol-Schmelzedispersionen werden ausführlich von der Fa. Kurashiki Rayon Co. beschrieben. Durch die Polystyrolzusätze wird der Anfangsmodul erhöht und die Knitterfestigkeit verbessert. Ein weiterer wesentlicher Gesichtspunkt ist die Preisverringerung von Polyamidfaserstoffen.

Durch Extraktion des Polystyrols mit Benzol bei 75 °C entstehen Fäden mit einer zellularen Mikrostruktur (Porosität z. B. 38% bei 40% Styrolzusatz zu Polyamid 6,6) und unveränderter Festigkeit von z. B. 6,5p/den [87]. Ein sicheres Spinnen ist aber auch hier nur mit der schon beschriebenen Abkühlvorrichtung möglich.

Durch Zusatz eines Pfropfcopolymeren von Polystyrol auf Polyamid mit einem Pfropfungsgrad von über 5% in

Tabelle 8. Einfluß von Dispergiermitteln auf die Größe der Polyäthylenteilchen in Polyamid (nach [8]))*

Dispergiermittel	Durchschnittlicher Teilchendurchmesser µm	Reckverhältnis	Gesamttiter den	Reißfestigkeit p/den	Bruchdehnung %	Anfangsmodul p/den 100% Dehnung
Armid 0**)	8,1	5,75	21,1	5,5	13,0	24,1
Natriumstearat	16,0	5,0	20,5	4,1	17,0	23,7
Stearamid	21,8	5,5	20,0	5,6	15,2	24,2
Natriumoleat	13,9	4,5	17,0	3,0	13,7	20,6
Behensäure	14,6	4,0	30,3	2,4	25,3	16,6
keines	32,5	nicht reckbar				

*) Die Fadenherstellung erfolgte durch 30 min Mischen von 75 Masse-% Polyamid-6,6 und 25 Masse-% Polyäthylen (Schmelzindex 20) bei 280 bis 285 °C, Abkühlen, Zerkleinern, Spinnen und Recken.

**) Hauptsächlich Oleinamid.

geringen Konzentrationen (< 5%) zur Verbesserung der Verträglichkeit kann bei einigen Mischungsverhältnissen auf die Abschreckung der Fäden unter der Düse verzichtet werden [88].

Geringe Zusätze (2 bis 7 Masse%) von Polystyrol sollen die Säurebeständigkeit von Polycaprolactamfäden verbessern [89].

Auf die mögliche Verstärkung von Polystyrolformgegenständen durch Polyamidfibrillen wurde bereits hingewiesen [81].

3.4. *Polyamid und Polyformaldehyd*

In Abhängigkeit vom Stabilisierungsgrad des verwendeten Polyformaldehyds treten offenbar beim Spinnen der Granulatmischungen mehr oder weniger starke Vernetzungsreaktionen im Polyamid durch abgespaltenen Formaldehyd ein. Der Chemismus dieser Vernetzung wurde kürzlich ausführlich von *Ulrich* und *Reinisch* diskutiert [90].

Fäden aus Mischungen von 10 bis 15 Masse% Polyformaldehyd [K_{222} (Masseverlust bei 222 °C pro min) = 0,6%] und 85 bis 90 Masse% Polycaprolactam bzw. Polyamid 6,6, hergestellt bei einer Spinntemperatur von 260 bzw. 288 °C mit 5 min Schmelzeverweilzeit, sind nach Patentangaben praktisch unvernetzt und wie normale Polyamidfäden zu verarbeiten [91]. Diese Verbundwerkstoff-Fäden werden nach der Verarbeitung zu Geweben mit Ammoniumfluoboratlösung behandelt und 10 min auf 175 °C erhitzt. Der abgespaltene Formaldehyd erzeugt z. B. 0,3 Vernetzungen pro Polyamid-6,6-Monomereneinheit. Die so behandelten Gewebe sind unschmelzbar, unlöslich in Polyamid-Lösungsmitteln und knitterfest. In der gleichen Schrift sind auch Bikomponentenfäden mit Polyamid/Polyformaldehyd-Schmelzedispersionen beschrieben [91]. Im Gegensatz zu diesen Ergebnissen fanden *Nestruch* und *Yudin*, daß beim gemeinsamen Spinnen von Polyformaldehyd mit einem Copolymeren von Hexamethylendiammoniumadipat und Caprolactam (60/40) bei 205 °C bereits in starkem Maße Vernetzung eintritt. Mit 2 Masse% Polyformaldehydzusatz wurde eine geringe Abnahme der Reißdehnung und Zunahme von Festigkeit und Modul gefunden [92].

3.5. *Polamid und Polyäthylenoxid*

Durch Einlagerung von 7 bis 15% Polyäthylenoxid-Fibrillen werden Polyamidfaserstoffe (auch Bikomponentenfaserstoffe) antistatisch ausgerüstet. Als Mischungskomponente werden normale [93] und endgruppenblockierte [94] Polyalkylenoxide, bevorzugt Polyäthylenoxide ($\bar{M}_n$ 1000 bis 200000) verwendet. Der Einsatz des Polyäthylenoxides kann auch in modifizierter Form, z. B. als Blockpolyätheramid [95, 96] erfolgen.

3.6. *Polyester und Polystyrol*

Patente über Verbundwerkstoff-Fäden aus Polyäthylenterephthalat mit Polystyrol wurden bisher ausschließlich

Tabelle 9. Verbundwerkstoff-Fäden aus Schmelzedispersionen von 40% Polystyrol in Polyäthylenterephthalat (nach [97])

Faden	Feinheit den	Festigkeit p/den	Dehnung %	Modul %	Farbstoffaufnahme mg/g)*
Schmelzedispersion	3,2	3,8	23,0	65	9,2
Polyäthylenterephthalat	2,9	4,2	26,0	60	6,9

*) Duranolviolett 2 R, 2%; Scourol 400, 10%; 98 °C; 2h; Flottenverhältnis 50:1

von der Fa. Kurashiki Rayon Co. angemeldet [97]. Das Polystyrol (40 Masse%) wird dabei schon während der Polyester-Herstellung zugegeben und dadurch offenbar sehr gut verteilt. *Moncrieff* bezeichnet die Polymerdispersion fälschlicherweise als Copolymeres [98]. Die Fäden sind pill- und knitterarm, sehr gut anfärbbar und dürften auch erheblich billiger als Polyäthylenterephthalatfäden sein.

Überraschend ist der sehr geringe Festigkeitsverlust durch das zugesetzte Polystyrol (Tabelle 9). Die Anfärbbarkeit von Polyesterfaserstoffen wird auch z. B. durch Zumischen von mindestens 5 Masse% Polyvinyltoluol, sulfoniertem Polystyrol u. a. ohne Verschlechterung der textilmechanischen Eigenschaften verbessert [99].

Tabelle 10. Verbundwerkstoff-Fäden aus Schmelzedispersionen von diversen Polymeren

Hauptkomponente	Modifizierungskomponente	Verbesserung	Literaturzitat
Polyamide	Polycarbonat	Anfangsmodul	[100]
Copolyester	Polyolefine	kleben nicht	[101]
Polyamid	Celluloseester	geringe elektrostatische Aufladung	[102]
Polystyrol	Polyäthylen	leicht fibrillierbar	[103]
Polyamide	Polyvinylpyrrolidon	Knitterfestigkeit	[104]
Polyoxymethylen	Polyharnstoffe	Anfärbbarkeit, Transparenz	[105]
Polyoxymethylen	Polyvinylester	Anfärbbarkeit, Transparenz	[106]
Polycarbonat	Polystyrol	leicht fibrillierbar	[107]
Polystyrol	Styrol/Acrylnitril-Copolymerisat	Weichmacherwirkung	[108]

3.7. *Sonstige Mischungen*

Neben den bisher beschriebenen Faserstoffen aus Schmelzedispersionen sind noch eine Reihe anderer Kombinationsmöglichkeiten untersucht worden (Tabelle 10). Daneben liegen noch zahlreiche Veröffentlichungen zur Verbesserung der Anfärbbarkeit, besonders von Polyester- und Polypropylenfaserstoffen, durch relativ geringe Beimischungen von sauren oder basischen Polymeren vor, deren Referierung den Rahmen dieser Zusammenfassung sprengen würde.

4. *Zusammenfassung*

Die Variationsmöglichkeiten zur Modifizierung von Faserstoffen durch Spinnen von Schmelzedispersionen sind bei der geschätzten Anzahl von etwa 1000 bisher bekannten schmelzbaren individuellen organischen Hochpolymeren fast unendlich groß. Dazu kommt noch, daß die meisten organischen Hochpolymeren in Lösungsmitteln löslich sind und durch Kombination mit nichtschmelzbaren Polymeren, beispielsweise Cellulose oder Polyacrylnitril, eine weitere Vielzahl von Kombinationsmöglichkeiten zur Faserherstellung aus Lösungen gegeben ist. Diese Möglichkeiten werden mit Sicherheit nicht alle untersucht werden können, obwohl dabei mit manchen überraschenden Erkenntnissen zu rechnen wäre.

Eine wissenschaftlich begründete Theorie zur Vorherberechnung der Eigenschaften von Verbundwerkstoff-Fäden existiert nicht, entscheidend ist immer noch das Experiment.

Die meisten Untersuchungen wurden deshalb auch an den Massenschmelzspinn-Faserstoffen Polyamid und Polyester durchgeführt bzw. dienten dem Ziel, Polypropylen zu einem Massenfaserstoff zu gestalten. Auf dem Fasermarkt haben sich bisher nur ENKATRON und SOURCE (Tabelle 1) in beschränktem Maße [19] eingeführt; dabei ist die Verwendung als Reifencord zugunsten von Polyestercord in den Hintergrund getreten. Neue Einsatzgebiete sind Texturseiden, Teppichgarne und Strickwaren [5]. Die Fadenherstellung kann prinzipiell nach den drei im Bild 1 gezeigten Verfahren erfolgen, wegen der besseren Dosierbarkeit sollte dabei die Mischung individueller Schmelzen durch statische [109, 110] bzw. dynamische [111] Dispergierung bevorzugt werden. In Japan ist dafür die Bezeichnung „Inkorporationsspinnen" geprägt worden [111].

Herrn Dr. *G. Reinisch* danken wir für hilfreiche Diskussionen.

5. *Literatur*

[1] [DDP = Deutsches Wirtschafts-Patent (DDR), DAS = (West)-Deutsche Auslegeschrift, DOS = (West)-Deutsche Offenlegungsschrift, JaP = Japanisches Patent, SzP = Schweizerisches Patent, FrP = Französisches Patent, NdP = Niederländisches Patent, USP = Amerikanisches Patent, GBP = Britisches Patent; Anmeldungsdatum]

[1] *Thinius, K.:* Polymerkombinationen. Plaste u. Kautschuk **15** (1968) S. 164—168.

[2] Polyamide. USP 2193529 vom 5. 6. 1936 (Du Pont).

[3] Controlled heating of polyamides. USP 2374137 vom 11. 4. 1941 (Du Pont).

[4] *Papero, P. V., Kubu, E.,* und *Roldan, L.:* Fundamental property considerations in tailoring a new fiber. Textile Res. J. **37** (1967) 10, S. 823—833.

[5] Allied aims biconstituent fiber at carpet market. Chem. engng. News vom 6. 5. 1968, S. 16—17.

[6] Allied Chemical Corp. christens bicomponent. Textile Month (1968) 6, S. 64.

[7] *Brenner, P.:* Höhere Festigkeit durch Verbundwerkstoffe. Umschau Wiss. Techn. **68** (1968) 6, S. 166—171.

[8] Verfahren zur Herstellung von Polymergemischen. NdP 6513613 vom 21. 10. 1965; entspricht SzP 469032 (British Nylon Spinners).

[9] Blends of polyamide resins with acrylic resins. GBP 1047069 vom 21. 8. 1963 (Du Pont).

[10] *McKelvey, J. M.:* Polymer Processing. New York/ London: Wiley 1962, S. 319—326.

[11] Neuentwickelte Hochleistungsschnecke. Kunststoffe **59** (1969) S. 93.

[12] *Gul', V. E., Penskaja, E. A., Kuleznev, V. N.,* und *Arutjunova, S. G.:* Über die Beurteilung der gegenseitigen Verträglichkeit von Polymeren. Dokl. Akad. Nauk SSSR (Ber. Akad. Wiss. UdSSR) **160** (1965) S. 154—157.

[13] Process for preparing oriented microfibers. USP 3382305 vom 29. 10. 1954 (Du Pont).

[14] Aus Multifilfäden bestehender Faserstoff und Verfahren und Vorrichtung zur Herstellung der Fäden. NdP 6612628 vom 8. 9. 1966 (AKU).

[15] *Meyer, K.:* Chemiefasern. Leipzig: Fachbuchverlag 1967.

[16] Polymer blend fibers. Man-made Textiles **43** (1966) S. 499, S. 80; Chemiefasern **16** (1966) S. 232.

[17] Neuer Fasertyp für Reifencordgewebe. Z. ges. Textilind. **68** (1966) 9, S. 704.

[18] *Mumford, R. B.,* und *Nevin, I. L.:* Three routes to multipolymer fibers. Skinners Rec. **43** (1967) 5, S. 307—308; Modern Textile Mag. **48** (1967) 4, S. 51 bis 53; s. a. Chemiefasern **17** (1967) 8, S. 569.

[19] Allied bicomponent soon. Man-made Textiles **43** (1966) 507, S. 8.

[20] *van Galen, Ir. J.:* Entwicklung und Einsatz von Textilien für die Reifenindustrie. Chemiefasern **17** (1967) S. 508—517.

[21] *van Galen, J.:* Materialien für Reifencord, ein Vergleich ihrer Eigenschaften. TNO Konferenz Rotterdam (Referat). Chemiefasern **18** (1968) S. 298 und 300 sowie S. 505—508.

[22] *Papero, P. V., Wincklhofer, R. C.,* und *Oswald, J. H.:* Mechanism of the tire flatspotting and its relation to fiber properties. Rubber Chem. Technol. **38** (1965) S. 999—1006.

[23] *Claxton, W. E., Forster, M. J., Robertson, J. J.,* und *Thurman, G. R.:* Correlation of nylon tirecord properties with tire flatspotting. Textile Res. J. **36** (1966) S. 903—914.

[24] Poylpropylene tire yarns. GBP 1062160 vom 21. 12. 1962 (Courtaulds Ltd.).

[25] Verfahren zur Herstellung einer zum Schmelzspinnen geeigneten Polyamidkomposition und daraus hergestellte Fäden. NdP 6564089 vom 31. 3. 1965; entspricht USP 3369057, GBP 1103475 und DOS 1494546 (Allied Chemical Corp.).

[26] Verfahren zur Herstellung von Poly-ε-caproamid und daraus hergestellte Fäden. NdP 6600662 vom 18. 1. 1966; entspricht FrP 1463736 und USP 3386967 (Allied Chemical Corp.).

[27] Verfahren zur Herstellung von Polyamid/Polyester-Gemischen und daraus hergestellte Fäden. NdP 6600608 vom 18. 1. 1966; entspricht FrP 1469276 (Allied Chemical Corp.).

[28] *Reinisch, G.,* und *Dietrich, K.:* unveröffentlicht.

[29] *Dietrich, K.,* und *Reinisch, G.:* unveröffentlicht.

[30] *Zimmermann, H.,* und *Hoyme, H.:* Zur Bestimmung des Wassergehaltes in Polyäthylenterephthalat durch Karl-Fischer-Titration. Faserforsch. u. Textiltechnik **18** (1967) S. 393—396.

[31] *Reinisch, G., Dietrich, K., Versäumer, H.,* und *Tolsdorf, S.:* Verfahren zur Nachstabilisierung von Polyamiden. DDP mit Aktenzeichen WP 39c/136192 vom 25. 11. 1968.

[32] Verfahren zum Schmelzspinnen einer Dispersion von Polyester in Polyamid. DOS 1804444 vom 22. 10. 1968; entspricht USP 3470686 (Allied Chemical Corp.).

[33] Vorrichtung zur Herstellung synthetischer Seiden, deren Einzelfäden aus zwei Bestandteilen bestehen. FrP 1545234 vom 23. 11. 1967 (AKU).

[34] Verstärkungsgewebe aus Fäden sowie Verfahren und Vorrichtung zur Herstellung der Fäden. FrP 1542655 vom 18. 1. 1967; entspricht NdP 6612628 (AKU).

[35] Spinnbares Harzmaterial für die Herstellung von Reifencord. NdP 6606838 vom 21. 11. 1966; entspricht FrP 1479983 (Firestone Tire and Rubber Co.).

[36] Verfahren zur Herstellung einer Polymerkomposition. NdP 6611747 vom 19. 8. 1966 (Firestone Tire and Rubber Co.).

[37] Spinning process for fibres consisting of polyamides and polyesters. GBP 1126126 vom 29. 7. 1966; entspricht JaP 27574/67 (Teijin Ltd.).

[38] Herstellung von Faserstoffen. JaP 27576/67 vom 2. 8. 1965 (Teijin Ltd.).

[39] Spinnen einer Mischung aus Polyamid 6 und Polyäthylenterephthalat. JaP 22583/67 vom 19. 10. 1964 (Toyo Rayon Co.).

[40] Spinnen einer Mischung. JaP 19620/68 vom 27. 12. 1965 (Toyo Rayon Co.).

[41] Mischspinnen von Polyamid und Polyester. JaP 30024/68 vom 28. 7. 1966 (Toyo Rayon Co.).

[42] Fasern. JaP 1784/68 vom 7. 9. 1965 (Toyo Rayon Co.).

[43] Mischpolymeres — 60/40-Mischungen. JaP 5170/68 vom 7. 9. 1964 (Kurashiki Rayon Co.).

[44] Spinnen von Mischschmelzen. JaP 6097/68 vom 7. 12. 1963 (Kurashiki Rayon Co.).

[45] Verfahren zur Herstellung von Teppichgarn. DOS 1805854 vom 29. 10. 1968 (Allied Chemical Corp.).

[46] *Koršak, V. V., Vinogradova, S. V., Tepljakov, M. M.,* und *Cernomordik, J. A.:* Wechselwirkung von Polyamid und Polyester in der Schmelze. Dokl. Akad. Nauk SSSR (Ber. Akad. Wiss. UdSSR) **147** (1962) S. 1365—1368.

[47] *Opric, Z. G., Lazutkina, T. P., Šablygin, M. V., Kudrjavcev, G. I.,* und *Katoržnov, N. D.*: Faserstoffe aus Polyamidoestern auf der Basis von Caprolactam und Dimethylterephthalat. Chim. Volokna (Chem. Fasern) (1966) 4, S. 23–25.
[48] Verfahren zur Herstellung von Polyamid/Polyester-Blockcopolymeren, daraus hergestellte Produkte und ihre Verarbeitung zu Fäden. NdP 6410530 vom 10. 9. 1963 (Firestone Tire and Rubber Co.).
[49] Spinnbares Harzgemisch aus Polyester und Polyamid. FrP 1520405 vom 14. 10. 1966; entspricht GBP 1161509 (Firestone Tire and Rubber Co.).
[50] Process for the preparing of blockcopolymers of polyamide and polyester and of fibers there-from. GBP 1141118 vom 16. 5. 1967 (Toyo Rayon Co.).
[51] Spinnable resinous composition of a polyester and a polyamide. USP 3378056 (Firestone Tire and Rubber Co.).
[52] Synthetic fibers. GBP 1097068 vom 4. 11. 1965 (ICI Ltd.).
[53] Fasern aus Polymeren auf Polyesterbasis. FrP 1484108 vom 10. 6. 1966; (ICI Ltd.) entspricht GBP 1070613.
[54] *Lučanicová, T.*: Physikalische Gemische von Polyamid und Polyäthylenterephthalat. Diplomarbeit Technische Hochschule Bratislava, Lehrstuhl für chemische Technologie der Fasern, 1968.
[55] Gemischte Polyamid-Polyester-Fäden. JaP 22351/68 vom 16. 12. 1966 (Kanegafuchi Spinning Co.).
[56] Polyamidkompositionen. JaP 944/69 vom Nov. 1965 (Teijin Ltd.).
[57] Neue Polyamidkomposition. FrP 1522267 vom 30. 1. 1967; entspricht GBP 1166915 (Teijin Ltd.).
[58] Verfahren zur Herstellung von Polyamidfasern. JaP 10175/68 vom 17. 6. 1965 (Toyo Rayon Co.).
[59] Verfahren zur Herstellung selbstkräuselnder Fäden und so erhaltene Produkte. FrP 1550895 vom 12. 1. 1968 (Kanegafuchi Boseki Kabushiki Kaisha).
[60] Fasern und Fäden mit verschiedenen Bestandteilen. FrP 1555274 vom 29. 2. 1968 (VEB Chemiefaserwerk „Wilhelm Pieck" Schwarza).
[61] Polyamide/Polyester conjugate filaments. GBP 1169782 vom 24. 2. 1966 (ICI Ltd.).
[62] Polyamide. USP 2193529 vom 5. 6. 1936 (Du Pont).
[63] Blended Polyamides. USP 2339237 vom 11. 4. 1941 (Du Pont).
[64] Schmelzmischungen von Polyamiden. USP 3393252 vom 1. 7. 1965 und 19. 4. 1967; FrP 1439046, GBP 918637. USP 3330258 und DOS 1469134 (Du Pont).
[65] Mischungen aus aliphatischen Polyamiden und cyclischen Copolyamiden. USP 3419636 vom 3. 2. 1966; entspricht FrP 1517072 und GBP 1163822 (Allied Chemical Corp.).
[66] Verbesserungen an Polyamidfäden oder -garnen. GBP 977853 vom 18. 1. 1962 (British Nylon Spinners).
[67] Polyamidmischungen. JaP 13860/68 vom 17. 5. 1965 (Asahi Chem. Ind. Co.).
[68] Polyamidgemisch. JaP 18622/68 vom 20. 12. 1965 (Asahi Chem. Ind. Co.).
[69] Herstellung von stark schrumpfendem Polyamidgarn. JaP 18575/67 vom 28. 2. 1964 (Toyo Rayon Co.).
[70] Polyamidfasern mit guter Anfärbbarkeit. FrP 1534277 vom 26. 7. 1968 (Société Rhodiaceta).
[71] Gemisch aus einem Polyterephthalsäureamid und einem Polyamid mit niedrigerem Schmelzpunkt mit verbesserter Farbstoffaufnahme. USP 3216965 vom 29. 3. 1962 (Celanese Corp.).
[71] Polyamidmischung. JaP 13390/68 vom 21. 1. 1965 (Asahi Chem. Ind. Co.).
[73] Spinnen von Polyamiden. NdP 6517123 vom 30. 12. 1965 (AKU).
[74] Konjugierte Polyamidfasern. JaP 18577/67 vom 12. 2. 1964 (Toyo Rayon Co.).
[75] Thermisch beständige Konjugatfasern. JaP 25497/67 vom 10. 11. 1964 (Teijin Co.).
[76] *Beste, F. L.,* und *Houtz, R. C.*: Amide Interchange reactions. J. Polymer Sci. **8** (1952) S. 395–407.
[77] *Damerau, W.*: Umamidierungsreaktionen der cyclischen Oligomeren des Caprolactams. Diplomarbeit, Mathematisch-Naturwissenschaftliche Fakultät der Humboldt-Universität, Berlin 1961.
[78] *Koršak, V. V.,* und *Frunse, T. M.*: Über hochmolekulare Verbindungen. 76. Mitt.: Über die Rolle der Austauschreaktionen bei der Polyamidbildung. Izv. Akad. Nauk SSSR, Otd. chim. Nauk (Nachr. Akad. Wiss. UdSSR, Chem. Wiss.) (1965) S. 563–566.
[79] *Travers, G. C.*: Polyolefine-Nylon Blends. Plastics **27** (1962) 9, S. 117.
[80] Method for Melt-Spinning of Mixtures of Polyamides and Polyolefins. GBP 1069993 vom 22. 5. 1964 (Kurashiki Rayon Co.).
[81] Mixed spun Fibers containing polyamides or polyesters and a second component selected from the group of polyethylene, polypropylene or polystyrene. USP 3359344 vom 6. 7. 1964 (Kurashiki Rayon Co.).
[82] Polyamide containing oxidized polyethylene. USP 3262989 vom 11. 10. 1962 (Monsanto Co.).
[83] *Alexandru, L., Agachi, I., Ciobanu, V., Costian, D.,* und *Rizescu, T.*: Synthetische Faserstoffe aus Mischungen von Polypropylen mit anderen Polymeren. Faserforsch. u. Textiltechnik **16** (1965) S. 433–438.
[83a] *Filbert, D. V., Muraveva, V. P., Vasilev, Ju. V.,* und *Pakšver, A. B.*: Rheologische und fadenbildende Eigenschaften von binären Mischungen auf Polypropylenbasis. Chim. Volokna (Chem. Fasern (1968) 3, S. 18 bis 21.
[84] Fibrillar assemblies of polymer mixtures. GBP 1108151 vom 3. und 18. 12. 1963 (Courtaulds Ltd.).
[85] Bandförmige Polyamidfaserstoffe. JaP 30038/68 vom 24. 8. 1968 (Toyo Rayon Co.).
[86] Anfärbbare Polycaprolactam/Polyolefin-Kompositionen. DOS 1805263, vom 2. 11. 1967 (Asahi chem. Ind. Co,).
[87] Shaped articles, aperticularly fibres, consisting of a mixture of polyamides and aromatic vinylpolymers. GBP 1058416 vom 22. 7. 1963; entspricht FrP 1384614, USP 3330899, JaP 4810/66, 7886/66, 7893/66, 11653/66 und 11657/66 (Kurashiki Rayon Co.).
[88] Verfahren zur Herstellung von Fäden aus Schmelzemischungen. FrP 1440248 vom 26. 5. 1965; entspricht GBP 1052323 (Kurashiki Rayon Co).
[89] Polyamid-6-Fasern. JaP 11697/67 vom 16. 7. 1964 (Toyo Rayon Co.).
[90] *Ulrich, H. H.,* und *Reinisch, G.*: Zur Reaktion von Polycaprolactam mit Formaldehyd. Teil I. Literaturübersicht. Faserforsch. u. Textiltechnik **21** (1970) 1, S. 25–32.
[91] Polyamide compositions stabilized with polyoxymethylene. USP 3198852 vom 9. 12. 1960 (Du Pont).
[92] *Nestruch, E. V.,* und *Judin, A. V.*: Untersuchung auf dem Gebiet der Modifizierung von Chemiefaserstoffen aus Schmelzen von Polymergemischen. II. Mitt.: Strukturierung von Polyamidfaserstoffen beim Erspinnen aus Gemischen von Polyamid und Polyformaldehyd. Izv. vysšich uč. Zav. Technol. legk. Prom. (Hochschulnachr. Technol. Leichtind.) (1967) 2, S. 30 bis 36; dt. in: Sowj. Beitr. Faserforsch. Textiltechnik **5** (1968) S. 243–247.
[93] Synthetische Polyamidfäden bzw. -fasern, die ein antistatisch machendes Mittel enthalten, und Verfahren zu deren Herstellung. DAS 1286683 vom 16. 4. 1963 (Du Pont).
[94] Verfahren zum Herstellen von antistatischen Polyamidfäden. DAS 1273124 vom 18. 10. 1962 (Du Pont).
[95] Herstellung eines Polyamidfadens. JaP 28785/68 vom 26. 4. 1967 (Toyo Rayon Co.).
[96] Modifizierter Polyamidfaserstoff. JaP 28786/68 vom 27. 5. 1967 (Toyo Rayon Co.).
[97] Method of mixing polystyrene with linear polyesters. USP 3322854 vom 30. 3. 1964; entspricht GBP 1064239 und FrP 1387406 (Kurashiki Rayon Co.).
[98] *Moncrieff, R. W.*: Polyester-polystyrene-copolymers. Man-made Textiles **44** (1967) 515, S. 46–48.
[99] Fibres, films and shaped articles consisting of mixed high molecular weight substances. GBP 1049122 vom 26. 7. 1963 (Kurashiki Rayon Co.).

[100] Polyamide fibers with an improved Young's modulus. USP 3125114 vom 21. 7. 1964 (Du Pont).
[101] Verfahren zur Herstellung von geformten Copolyesterfaserstoffen. FrP 1525443 vom 11. 5. 1966 (Kanegafuchi Boseki Kabushiki Kaisha).
[102] Herstellung von Fäden durch Verspinnen von Mischungen aus Polyamiden und Celluloseestern. DAS 1277511 vom 25. 1. 1964; entspricht SzP 432721, FrP 1427253 und GBP 1095503 (Deutsche Rhodiaceta AG).
[103] Polystyrol-Einzelfäden. FrP 1532744 (Deutsche Anmeldung vom 23. 7. 1966).
[104] Melt-spinnable compositions. USP 3287441 vom 15. 2. 1960 und 8. 6. 1965 (Du Pont).
[105] Polyoxymethylene fibers and moldings. JaP 914/69 vom 9. 6. 1965 (Kurashiki Rayon Co.).
[106] Verfahren zum Herstellen von Fäden oder Filmen durch Schmelzverformen eines Gemisches aus Polyoxymethylen und einer hochmolekularen Verbindung. DAS 1256351 vom 5. 6. 1962; entspricht GBP 1007985 und USP 3310608 (Kurashiki Rayon Co.).
[107] Verfahren zur Herstellung von Faserstoff. JaP 21569/66 vom 9. 3. 1963 (Nippon Soda Co.).
[108] Melt-spinnable, fiber forming blend of polystyrene and specific styrene-acrylonitrile-interpolymers. USP 2700657 vom 13. 11. 1951 (Dow Chemical Co.).
[109] Vollständige Spinneinrichtung. JaP 889/69 vom 8. 11. 1966 (Toyo Rayon Co.).
[110] Gemischte Mehrkomponentenfäden und Verfahren zur Herstellung derselben. DOS 1910269 vom 28. 2. 1969 (Kanegafuchi Boseki Kabushiki Kaisha).
[111] Verfahren zum Inkorporationsspinnen. JaP 898/69 vom 19. 4. 1966 (Toyo Rayon Co.).

Eingegangen am 30. März 1970

Kurze Mitteilungen[1]

Zur Korrelation zwischen den Ergebnissen von natürlicher und künstlicher Bestrahlung von Syntheseseiden bezüglich der Reißkraft

DK 677.494:539.12.043:677.017.424.5

1. Einleitung

Bei Gardinen, Zeltplanen, Lufthäusern usw. soll sich das Verhältnis der Reißkraft nach der natürlichen Bestrahlung zur Ausgangsreißkraft möglichst wenig verändern. Von *F. Winkler*, Teltow-Seehof, wird dieses Verhältnis als Belichtungs-Reißkraft-Verhältnis f_B bezeichnet.

In den meisten Fällen ist z. B. der f_B-Wert von Polyesterseide (PE-S) nach natürlicher Bestrahlung hinter Fensterglas größer als der von mittelmäßig stabilisierter Polyamidseide (PA-S-lb), vgl. Tabelle 1, Zeilen 1 und 2. Für die Entwicklung neuer Produkte, für die Produktionskontrolle und für Gütefestlegungen dauert die natürliche Bestrahlung zu lange. Für diese Aufgabe ist eine künstliche Kurzzeitbestrahlung unerläßlich. Bisher haben sich die ursprünglich für Farbechtheitsprüfungen entwickelten Xenotest-Geräte 150 und 450 der Quarzlampengesellschaft m. b. H., Hanau, bewährt. Leider ist es aber so, daß nach der künstlichen Kurzzeit-Bestrahlung im Xenotest 150 oder 450 der f_B-Wert von PE-S kleiner ist als der von vergleichbarer mittelmäßig stabilisierter PA-S-lb, vgl. Tabelle 1, Zeile 3.

Während also nach der natürlichen Bestrahlung hinter Fensterglas der f_B-Wert von PE-S größer ist als der von mittelmäßig stabilisierter PA-S-lb, ergeben sich nach der künstlichen Bestrahlung im Xenotest 150 oder 450 gerade die umgekehrten Verhältnisse. In der vorliegenden Arbeit sollen Möglichkeiten zur Verbesserung der Korrelation zwischen den Ergebnissen von natürlicher und künstlicher Bestrahlung von Syntheseseiden bezüglich der Reißkraft angegeben werden.

[1]) Die Veröffentlichung der kurzen Mitteilungen erfolgt unter alleiniger Verantwortung der Verfasser.

2. Verschiedene Lösungswege

Zur Lösung dieser Aufgabe muß davon ausgegangen werden, daß bei jedem photochemischen Gesamtprozeß die Geschwindigkeiten des Primär- und des Sekundärprozesses in einem bestimmten Verhältnis zueinander stehen.

Der langsamste Vorgang bestimmt im allgemeinen die Geschwindigkeit des Gesamtprozesses. Bei sehr großen Bestrahlungsstärken, wie sie im Xenotest 150 oder 450 auf-

Tabelle 1. Zusammenstellung der f_B-Werte verschiedener Syntheseseiden nach verschiedener Bestrahlung hinter Fensterglas

Bestrahlungsart	Zeile	Bestrahlungsdauer	Luft-Temperatur im Bestrahlungsraum °C	Art der Unterlage	f_B-Werte der Syntheseseiden PE-S 8,3 tex (24) kxs, hm	PA-S-lb 6 tex (9) rs, m, gut stabilisiert	PA-S-lb 6,67 tex (12) kxs, m, mittelmäßig stabilisiert	PA-S 6,67 tex (12) kxs, m, nicht stabilisiert
Natürlich	1	200 Sonnenschein-Stunden	20	ohne	90	95	72	33
	2	1600 Sonnenschein-stunden	20	ohne	35	30	8	0
Künstlich Xenotest 150, 7 IR-Filter, Gleichlauf-Betrieb	3	4 Tage	33	ohne	85	—	93	—
	4	4 Tage	33	Samt	78	—	32	—
	5	1 Tag	36	Samt	93	94	72	46

treten, wird die Geschwindigkeit des Primärprozesses stark erhöht. Wird die Geschwindigkeit des Sekundärprozesses durch andere Faktoren nicht mit erhöht, so erhöht sich die Geschwindigkeit des Gesamtprozesses nicht entsprechend der gesteigerten Geschwindigkeit des Primärprozesses. Auf diese Weise ergeben sich die oben angeführten Diskrepanzen. Bei PE-S ist der Sekundärprozeß nicht so entscheidend wie bei PA-S. PE-S kann deshalb stärker abgebaut werden als PA-S-1b, während sich bei kleineren Bestrahlungsstärken die umgekehrten Verhältnisse ergeben.

Die Angleichung der Geschwindigkeiten der beiden Teilprozesse könnte eventuell eine *intermittierende Bestrahlung* bewirken, falls auch Dunkelreaktionen möglich sind. Es zeigt sich aber, daß dieser Weg die o. a. Diskrepanz zwischen den f_B-Werten von PE-S und PA-S-1b nach natürlicher und künstlicher Bestrahlung nicht beseitigt.

Abweichungen der Xenotest-Geräte 150 oder 450 im *ultravioletten Spektralgebiet* von der natürlichen Strahlung könnten durch zusätzliche Filter ausgeglichen werden. Auch dieser Weg ergibt keine befriedigenden Ergebnisse.

Katalytische Wirkungen anderer Strahlen, z. B. der UR-Strahlung oder *Polarisationseffekte* können für die o. a. Diskrepanz ebenfalls nicht verantwortlich gemacht werden.

Verbesserungen könnten noch durch *Erhöhung des Sauerstoff-Partialdruckes* oder durch *Temperatursteigerung* erreicht werden. Wird die Temperatur im Probenraum des Xenotest bis auf 45°C gesteigert, dann nehmen die f_B-Werte von PA-S-1b mit der Temperatur stärker ab als die f_B-Werte von PE-S, so daß auf diesem Wege eine Korrelation mit den Ergebnissen der natürlichen Bestrahlung erreicht werden könnte. Leider kann die Lufttemperatur im Xenotest zwecks Erhöhung der Probentemperatur ohne Minderung der Lebensdauer der Xenonbrenner nicht beliebig erhöht werden. In dieser Hinsicht können aber auch andere Lösungswege gefunden werden.

3. Wirkung von Unterlagen

Es kann festgestellt werden, daß eine künstliche Bestrahlung der Syntheseseiden mit *möglichst grauen bis schwarzen Unterlagen*, geringer Wärmeleitfähigkeit und guter Wärmekapazität sowie großer effektiver Berührungsfläche mit den zu bestrahlenden Syntheseseiden den photochemischen Sekundärprozeß so beeinflußt, daß die o. a. Diskrepanz beseitigt werden kann, vgl. Tabelle 1, Zeilen 4 und 5. Neben der *besseren Korrelation zu den natürlichen Bestrahlungsergebnissen* können als weitere Vorteile der künstlichen Bestrahlung der Syntheseseiden mit Unterlagen *kleinere Bestrahlungszeiten* genannt werden. Nachteilig wirken sich zufällige Abstandsänderungen der Syntheseseiden von der Unterlage aus. Die effektive Berührungsfläche nimmt dann ab und die Streuung der gemessenen Reißkraftwerte nimmt zu. Um dies zu vermeiden, sollten die Syntheseseiden mit einer Vorlast auf der Unterlage befestigt werden, ähnlich wie das bereits für die Bestrahlung ohne Unterlage beschrieben wurde [1].

Für Routinebestrahlungen müßte noch eine Unterlage gefunden werden, die neben den o. g. Eigenschaften zusätzlich strahlungsbeständig und abwaschbar ist. Eine ausführliche Darstellung der Bestrahlung von Syntheseseiden mit und ohne Unterlage erfolgt später. Die angeführten Ergebnisse sind auch auf Gardinen übertragbar.

Literatur

[1] *Schmidt, F., Pietschmann, S.*, und *Winkler, F.*: Natürliche und künstliche Belichtung von Chemieseiden. Dt. Textiltechnik **18** (1968) 4, S. 249—254.

Siegfried Kaufmann
VEB Chemiefaserkombinat Schwarza „Wilhelm Pieck“

Eingegangen am 30. März 1970

Über die Bestimmung der Acetylendgruppen in mit Essigsäure stabilisiertem Polycaproamid

DK 678.675'126:543.241:[542.938:546.185—325]:547.292.024:678.6.021.22

1. Einleitung

Der Herstellungsprozeß von Fasern aus Polycaproamid beginnt mit der Polymerisation von Caprolactam. Die Polymerisationsstufe ist für die Qualität der Polymerisate und der daraus hergestellten Fäden von entscheidender Bedeutung, da in den nachfolgenden Produktionsstufen eine gezielte Änderung der chemischen und physikalischen Eigenschaften der Polymerisate nur in begrenztem Umfang möglich ist. Da die Verarbeitungseigenschaften und die Gütemerkmale der erzeugten Provenienzen (z. B. Feinseide, Cordseide) vom mittleren Polymerisationsgrad bestimmt werden, wird während der Polymerisation die Einstellung auf den für den jeweiligen Typ günstigsten Wert angestrebt. Aus dem Massenwirkungsgesetz läßt sich ableiten, daß im Falle der Caprolactampolymerisation der im Gleichgewicht erreichbare Polymerisationsgrad bei vorgegebener Temperatur vom Wassergehalt der Schmelze abhängt. Da es technisch schwierig durchführbar ist, die Polymerisation ausschließlich über den Wassergehalt der Schmelze zu lenken und außerdem in der Regel zu hohe Polymerisationsgrade erhalten werden, hat sich in der Praxis der Einsatz von Stabilisatoren oder Kettenreglern bewährt. Bei kontinuierlichen Verfahren (VK-Verfahren) wird in den meisten Fällen Essigsäure als Stabilisator benutzt. Die zugesetzte Essigsäure blockiert einen Teil der vorhandenen Aminoendgruppen und bewirkt eine Störung der Äquivalenz zwischen Amino- und Carboxylgruppen. Zur Erhaltung des Gleichgewichts erhöht sich die Zahl der COOH-Gruppen, während gleichzeitig der Durchschnittspolymerisationsgrad sinkt. Die Höhe des Polymerisationsgrades wird durch die zugesetzte Essigsäuremenge bestimmt. In der Praxis entspricht die Stabilisierungswirkung nicht der eindosierten Essigsäuremenge, da ein Teil des Stabilisators während der ersten Verfahrensstufen durch Abdampfen und Extraktion verloren geht. Es ist deshalb von Interesse, die in Form von Acetylgruppen im Polymerisat verbleibende Essigsäure zu bestimmen und so den Wirkungsgrad der eingesetzten Stabilisatormenge zu ermitteln. Durch die Bestimmung des Stabilisatorgehaltes nach Polymerisation, Extraktion, Trocknung und Spinnen kann die Wirkung des Stabilisators über verschiedene Produktionsstufen bis zum Endprodukt verfolgt werden. Die Aussagefähigkeit von Endgruppenanalysen wird durch Kenntnis des Stabilisatorgehaltes erweitert und kann insbesondere bei der Beurteilung des Gesamtprozesses wertvolle Informationen liefern.

Aus den vorgenannten Gründen stellten wir uns das Ziel, eine Methode zu erarbeiten, nach der der Stabilisatorgehalt in mit Essigsäure stabilisiertem Polycaproamid mit hinreichender Genauigkeit bestimmt werden kann.

2. Arbeitsweise und Arbeitsvorschrift

Für die Bestimmung der Acetylgruppen in organischen Verbindungen sind eine ganze Reihe von Verfahren beschrieben, die zumeist in Verbindung mit speziellen Apparaturen angewandt werden [1, 2]. Im allgemeinen sind Halbmikro- bzw. Mikroverfahren üblich, bei denen die Substanzeinwaagen zwischen ca. 20 bis 30 mg bzw. 2 bis 4 mg liegen. Unter der Annahme, daß der Anteil der Acetylgruppe an der rel. Molekülmasse einer Substanz 30% beträgt, würde dies bei einer Einwaage von 3 mg etwa 20 µÄ Essigsäure entsprechen. Die im stabilisierten Polycaproamid pro Gramm zu erwartende Essigsäuremenge liegt in der gleichen Größenordnung. Der in der Mikroanalyse übliche Verbrauch an Maßlösung wird also beim Polymeren erst bei Einwaagen von einigen Gramm erreicht. Da zur Hydrolyse der Acetylgruppe bei diesen Substanzmengen auch entsprechend größere Reagenzmengen benötigt werden, kamen übliche Mikro- oder Halbmikroapparaturen für unsere Zwecke nicht in Betracht.

In der Literatur ist nach unserer Kenntnis bisher nur ein Verfahren beschrieben, nach dem Acetylendgruppen in Polyamid 6 bestimmt werden können [3]. Es beruht auf der Hydrolyse des Polymeren durch 75%ige Phosphorsäure und acidimetrischer Titration der abgespaltenen Essigsäure nach azeotroper Destillation mit Xylol. Die Nacharbeitung dieser Methode unter Variation der apparativen und methodischen Bedingungen führte zu dem Ergebnis, daß dieses Verfahren prinzipiell zur Bestimmung des Stabilisatorgehaltes in Polycaproamid geeignet ist. Nach unseren Erfahrungen hat sich folgende Arbeitsvorschrift am besten bewährt:

In einen mit einem Kugelkühler von ca. 30 cm Länge, Tropftrichter und Thermometer bestückten 250 ml Dreihalskolben werden ca. 3 g der getrockneten Polyamidprobe analytisch genau eingewogen. Zu der Probe gibt man 25 ml 75%ige Phosphorsäure, tropft aus dem Tropftrichter 75 ml Xylol hinzu und erhitzt dann 2 h zum gleichmäßigen Sieden. Danach wird das Wasser aus dem Kühler entfernt und die Apparatur mit einem Claisenaufsatz, Thermometer und Liebigkühler von ca. 35 bis 40 cm Länge versehen. Nach Zugabe von 10 ml Wasser zur Probenlösung wird mit der Destillation begonnen. Das Xylol/Essigsäure/Wasser-Azeotrop geht zwischen 90 und 130 °C über und wird in einem 100 ml Meßzylinder aufgefangen. Es ist darauf zu achten, daß eine gleichmäßige Destillation stattfindet. Wenn 80 ml übergegangen sind, wird die Destillation abgebrochen. Der Liebigkühler wird in kleinen Portionen mit insgesamt 10 ml Wasser nachgespült und das Waschwasser in einem 250 ml Erlenmeyerkolben aufgefangen. Nach Vereinigung mit dem Destillat wird die Zweiphasenmischung mit 3 bis 4 Tropfen Phenolphthalein versetzt und unter kräftigem Schütteln mit einer 0,1 n Natronlauge titriert. Unter gleichen Bedingungen, jedoch ohne Zusatz von Polyamid, wird der Blindwert ermittelt.

Tabelle 1. Bestimmung der Acetylendgruppen unter Zusatz einer definierten Essigsäuremenge)*

Einwaage g	theoret. Verbr. ml 0,1 n NaOH	prakt. Verbr.	prakt. Verbr. abzüglich Blindwert u. Verbr. f. Probe in ml 0,1 n NaOH	Verlust %
3,1288	1,58	1,51	0,73	8,75
3,2629	1,61	1,54	0,73	8,75
3,0465	1,57	1,49	0,72	10,00
3,0200	1,56	1,52	0,76	5,00
2,9839	1,56	1,54	0,78	2,50
2,9223	1,55	1,51	0,76	5,00
3,0931	1,58	1,56	0,78	2,50
3,0314	1,57	1,56	0,79	1,25
2,9745	1,56	1,54	0,78	2,50
3,1171	1,58	1,50	0,72	10,00
				⌀ 5,60

*) Es wurden jeweils 0,8 ml einer 0,1 n Essigsäure zugesetzt. Der Acetylgruppengehalt der Test-Charge beträgt 17,7 µÄ/g (aus 10 Einzelwerten ermittelt). Für alle Proben wurde ein Blindwert von 0,23 ml 0,1 n NaOH ermittelt.

Berechnung:

$$\text{Acetylendgruppen in } \mu\text{Ä/g} = (V - B) \times F \times 100/E$$

(V = Verbrauch ml NaOH für die Probe,
B = Verbrauch ml NaOH für den Blindwert,
F = Faktor der 0,1 n NaOH,
E = Probeneinwaage in g).

3. *Fehlerbetrachtung und methodische Überprüfung des Verfahrens*

Bei Analysenverfahren mit Destillationsstufen muß damit gerechnet werden, daß Verluste an der zu bestimmenden Substanz auftreten. Diese Verluste können ihre Ursache in einer nicht vollständigen Entfernung der Substanz aus der vorgelegten Lösung oder in einer unvollständigen Absorption in der Vorlage besitzen. Weiterhin kann Substanz durch Anhaften in der Apparatur oder durch Undichtigkeit verloren gehen. Um die Auswirkung dieser Faktoren beim voranstehend beschriebenen Analysenverfahren zu ermitteln, wurde ein Testmuster unter Zusatz einer definierten Essigsäuremenge mehrfach analysiert. Aus der Tabelle 1 ist das Ergebnis dieser Untersuchungen zu entnehmen.

Aus den angeführten Daten kann abgeleitet werden, daß generell mit einem Verlust an Essigsäure gerechnet werden muß. Dieser Verlust übersteigt jedoch nur in einigen Fällen den Wert von 5% und kann im Durchschnitt mit 5 bis 6% veranschlagt werden. Auf das Endergebnis umgerechnet, entspricht dieser Wert im Bereich von 10 bis 20 µÄ/g einer methodischen negativen Abweichung von 0,5 bis 1,2 µÄ/g.

Auch die Qualität des eingesetzten Xylols besitzt einen Einfluß auf die Analysenergebnisse. In einer Anzahl von Versuchsreihen konnte festgestellt werden, daß bei Verwendung schlechter Xylolqualitäten eine Erhöhung des Blindwertes und eine Verbreiterung des Streubereiches der Analysenergebnisse eintritt. Wenn Xylol DAB 7 eingesetzt wird, liegen die Blindwerte im Bereich von 0,1 bis 0,3 ml 0,1 n NaOH.

Zur Ermittlung der Fehlerbreite der Methode wurden Untersuchungen an verschiedenen Provenienzen in zwei Laboratorien durchgeführt. Die in Tabelle 2 angeführten

Tabelle 2. Fehlerbetrachtung zur Acetylgruppenbestimmung

Analytisches Labor Forschung	Betriebskontrollabor DEDERON-Feinseide
Probe 1 Polyamidgranulat (10 Einzelbest.)	Probe 1 Polyamidgranulat (14 Doppelbest.)
$\bar{x}$ = 13,3 µÄ/g	$\bar{x}$ = 20,8 µÄ/g
s = ± 1,1 µÄ/g	s = ± 1,2 µÄ/g
v = 8,3%	v = 5,7%
$\Delta\bar{x}$ = ± 0,8 µÄ/g	$\Delta\bar{x}$ = ± 0,7 µÄ/g
Probe 2 Polyamidspinngut (10 Einzelbest.)	Probe 2 Polyamidspinngut (12 Einzelbest.)
$\bar{x}$ = 14,6 µÄ/g	$\bar{x}$ = 17,1 µÄ/g
s = ± 1,7 µÄ/g	s = ± 2,0 µÄ/g
v = 11,8%	v = 11,8%
$\Delta\bar{x}$ = ± 1,2 µÄ/g	$\Delta\bar{x}$ = ± 1,3 µÄ/g

Werte weisen unter Berücksichtigung des unterschiedlichen Endgruppengehaltes der Proben eine gute Übereinstimmung zwischen beiden Labors aus.

Der Vergleich mit den bei Amino- und Carboxylendgruppenanalysen erreichbaren Standardabweichungen zeigt allerdings, daß die entsprechenden Werte bei der Acetylgruppenanalyse um das 2- bis 3fache höher liegen. Diese Tatsache und der methodische Fehler von ca. 5% müssen bei der Bewertung und beim Vergleich von Resultaten einer vollständigen Endgruppenanalyse berücksichtigt werden.

Literatur

[1] *Houben-Weyl:* Methoden der organischen Chemie. Bd. 2, S. 344—355. 4. Auflage. Stuttgart: Thieme 1953.

[2] Comprehensive Analytical Chemistry, Vol. Ib, S. 634 bis 651. Amsterdam: Elsevier Publ. Comp. 1960.

[3] High Polymers, Vol. 12: Analytical Chemistry of High Polymers, Part I, S. 291. New York/London: Intersience Publishers 1959.

Hans-Dieter Dinse und *Konrad Praeger*

Mitteilung aus der Abteilung Forschungslabor und der Abteilung Betriebskontrolle Feinseide des VEB Chemiefaserkombinat Schwarza „Wilhelm Pieck", Chemiefaserwerk Wilhelm-Pieck-Stadt Guben

Eingegangen am 7. April 1970

Zur Bestimmung von Dimethylformamid-Resten in Polyacrylnitrilfaserstoffen

DK 677.494.745.32:543.422.4:543.544:66.062.855.5:536.42:542.61

1. *Problemstellung*

Von dem für die Herstellung von Polyacrylnitrilfasern benutzten Lösungsmittel Dimethylformamid (DMF) werden Reste relativ hartnäckig in der Faser zurückgehalten. Bleiben größere Anteile an DMF in der Faser zurück, so hat man mit einer Beeinflussung der textilphysikalischen Eigenschaften zu rechnen [1].

Für die quantitative Bestimmung des inkludierten DMF wurden bisher größtenteils Methoden benutzt, die nach Extraktion mit Wasser eine Verseifung des DMF zu Dimethylamin (DMA) und Ameisensäure vornehmen. Das dabei gebildete DMA wird dann entweder acidimetrisch [2, 3, 4], kolorimetrisch [5, 6] oder polarographisch [7] bestimmt. Eine direkte Bestimmung des extrahierten DMF kann kolorimetrisch über die Hydroxamsäure [8] erfolgen.

Schmolke [9] beschreibt eine IR-spektroskopische Methode zur Bestimmung von DMF-Anteilen in Polyacrylnitrilfolien. Bei der quantitativen Auswertung verwendet er, wie auch *Wegener* und *Merkle* [1], die C=O-Valenzschwingungen des DMF bei 1672 cm^{-1} unter Heranziehung der C≡N-Valenzschwingung des PAN bei 2240 cm^{-1} als Vergleichsbande. Den durch Tempern und das dadurch verdampfende DMF hervorgerufenen Masseverlust vergleicht er mit der Verringerung der Intensität der DMF-Bande.

Ziel unserer Arbeit war es, die Brauchbarkeit dieses Verfahrens für die Bestimmung von DMF-Spuren in großtechnisch produzierten PAN-Fasern zu prüfen, vor allem hinsichtlich des relativ geringen Zeit- und Arbeitsaufwandes gegenüber den eingangs aufgezählten Verfahren.

2. *Versuche zur IR-spektroskopischen Bestimmung von DMF-Resten in PAN-Fasern.*

Ausgehend von einer gemeinsamen Feuchtfaserprobe (WOLPRYLA 65) wurden durch Behandeln mit DMF/H_2O-Gemischen mit verschiedenem DMF-Gehalt und anschließendem Trocknen bei Raumtemperatur Faserproben mit verschieden hohem DMF-Anteil hergestellt.

Diese Fasern wurden mittels eines Handmikrotoms fein zerkleinert. Die weitere Präparation erfolgte nach der KBr-Preßtechnik. Zur quantitativen Auswertung wurden die scharfe Bande der C=O-Valenzschwingung des DMF bei 1670 cm^{-1} und als Vergleichsbande die der C≡N-Valenzschwingung des PAN bei 2240 cm^{-1} herangezogen (Bild 1).

Zum Vergleich dienten Werte, die durch Extraktion und anschließende gaschromatographische Bestimmung des DMF erhalten wurden (Tabelle 1).

In versandfertigen WOLPRYLA-Fasern konnten durch die IR-Spektren keine DMF-Banden festgestellt werden, gas-

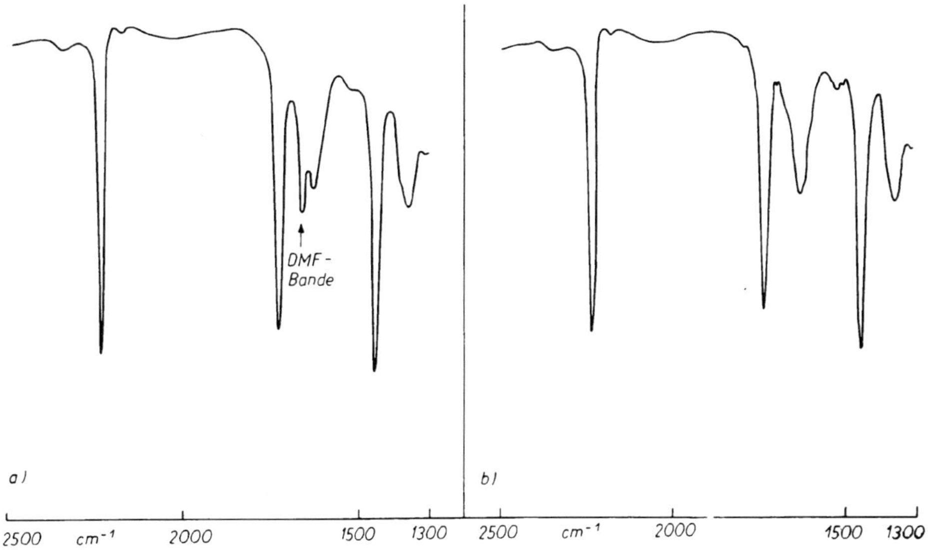

Bild 1. IR-Spektrum einer PAN-Copolymerisatfaser mit einem DMF-Gehalt von 0,5 Masse-% im Bereich von 1300 bis 2500 cm^{-1}
a) vor der Extraktion
b) nach 2 h Extraktion mit Wasser

Tabelle 1. Abhängigkeit des Extinktionsverhältnisses E_{1670}/E_{2240} vom DMF-Gehalt

Probe	DMF-Gehalt durch Extraktion u. GC-Analyse Masse%	$\frac{E_{1670}}{E_{2240}}$
Testfaser 01	0,02	keine DMF-Bande
Testfaser 02	0,21	0,202
Testfaser 05	0,52	0,409
Testfaser 10	0,99	0,759
Testfaser 20	2,04	0,972
Testfaser 30	2,72	0,997
Testfaser 50	4,40	1,484

chromatographisch wurden jedoch DMF-Anteile in Größenordnungen von 0,10 bis 0,20 Masse-% gefunden (siehe Abschnitt 3).

Vor allem bei niedrigen DMF-Anteilen wird eine quantitative Aussage durch die benachbarte OH-Bande erschwert. Die untere Nachweisgrenze liegt dadurch bei 0,25 Masse-%. Damit ist die IR-spektroskopische Methode zur Spurenbestimmung von DMF in großtechnisch produzierten PAN-Fasern wenig geeignet, obwohl der Zeitaufwand für eine Bestimmung mit 60 min relativ gering ist.

3. *Gaschromatographische Bestimmung des Rest-DMF-Gehaltes von PAN-Faser.*

3.1. *Extraktion des DMF mit Wasser*

Zur Extraktion wurden 7,00 g Faser eingesetzt. Sie wurde mit 150 bis 200 ml destilliertem Wasser im Soxhlet-Apparat durchgeführt. Wie eine Versuchsreihe zeigte (Tabelle 2), ist eine Extraktionszeit von $1^1/_2$ h ausreichend.

Das Extraktionswasser wurde auf 250 ml aufgefüllt. Davon wurde eine gaschromatographische Bestimmung des DMF-Gehaltes durchgeführt. Die Trennung erfolgt an einer 50 cm langen Porapak-Q-Säule bei 175 °C und einer Strömungsgeschwindigkeit von 40 ml/min N_2. Als Detektor wird ein Flammenionisationsdetektor verwendet. Ein typisches Chromatogramm zeigt Bild 2.

Die quantitative Auswertung der Chromatogramme erfolgt nach der Methode der äußeren Eichung der Peakflächen mittels entsprechender Eichgemische aus DMF/Wasser.

Bei einem Gehalt von 0,17% DMF wurde ein Variationskoeffizient von 8% festgestellt. Die untere Bestimmungsgrenze liegt bei 0,03%. Der Zeitaufwand für eine gaschromatographische Bestimmung ausschließlich Probenvorbehandlung beträgt 20 min.

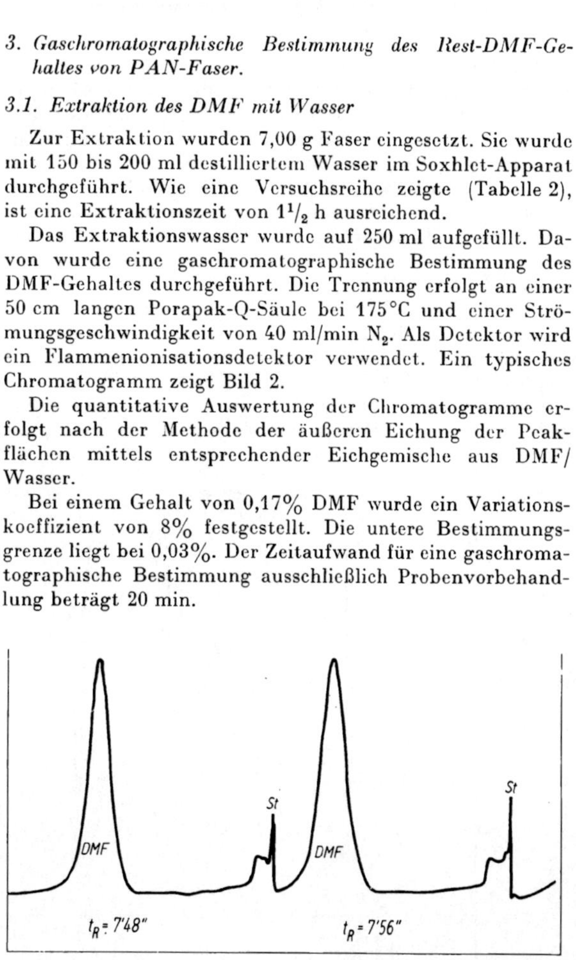

Bild 2. Gas-Chromatogramm des wäßrigen Extraktes einer PAN-Copolymerisatfaser mit einem DMF-Gehalt von 0,1 Masse-% (Konzentration der Lösung 28 mg/l)

Tabelle 2. Abhängigkeit des ermittelten DMF-Gehaltes von der Extraktionszeit

Probe	Ermittelter DMF-Gehalt Masse%	Extraktionszeit h
Fertigfaser	0,11	2 × 6
	0,13	4
	0,14	3
	0,13	2
	0,15	$1^1/_2$

Tabelle 3. DMF-Gehalte von Testfasern und Fertigfasern (Mittelwerte) durch GC-Analyse

Probenbezeichnung	Ermittelter DMF-Gehalt durch Tempern Masse%	Ermittelter DMF-Gehalt durch Extraktion Masse%
Testfaser 05	0,53	0,52
Testfaser 10	1,02	0,99
Testfaser 20	1,94	2,04
Testfaser 30	2,50	2,72
Testfaser 50	4,10	4,40
WOLPRYLA 65 (0,56 tex)	0,14	0,13
WOLPRYLA 65 (0,34 tex)	0,13	0,11
Bayer-DRALON (0,16 tex)	0,46	0,46

3.2. *Austreiben des DMF durch Tempern im Stickstoffstrom*

3,00 g Faser werden in ein Quarzrohr eingebracht, das in einem Elementaranalyse-Ofen auf 200 °C aufgeheizt ist. In einem N_2-Strom von 15 bis 20 ml/min wird die Faser 45 min bei dieser Temperatur erhitzt. Der austretende Gasstrom wird durch 4 mit je 7 ml destilliertem Wasser beschickte Waschflaschen (10 ml Inhalt) geleitet. Danach wird der Inhalt der 4 Waschflaschen vereinigt und auf 50 ml aufgefüllt. Zur GC-Analyse (siehe Abs. 3.1.) werden 10 µl dieser Auffüllung injiziert.

Aus systematisch durchgeführten Versuchen erwies sich eine Erhitzungsdauer von 45 min als ausreichend. Eine weitere Versuchsreihe zeigte, daß Temperaturen über 200 °C Zersetzungsprodukte liefern, die die GC-Bestimmung des DMF stören. Bei niedrigeren Temperaturen verläuft die Austreibung des DMF nicht vollständig bzw. es werden längere Erhitzungszeiten notwendig.

Zur Prüfung der Reproduzierbarkeit und Ermittlung der unteren Bestimmungsgrenze wurden Versuchsreihen an Testfasern und versandfertigen WOLPRYLA-Fasern durchgeführt (Tabelle 3).

Der Variationskoeffizient dieser Methode liegt bei einem DMF-Gehalt von 0,5% bei 10%, bei einem DMF-Gehalt von 0,2% bei 15%.

Die Ergebnisse der nach beiden Verfahren ausgeführten Bestimmungen, Extraktion oder Austreiben des DMF durch Tempern im Stickstoffstrom, sind praktisch identisch.

4. *Zusammenfassung*

Für eine quantitative Bestimmung von DMF-Resten auf Polyacrylnitrilfasern ist eine direkte IR-spektroskopische Analyse kaum anwendbar, da die DMF-Gehalte von großtechnisch hergestellten PAN-Fasern meistens unter ihrer unteren Nachweisgrenze liegen.

Dagegen ist die gaschromatographische Endbestimmung sowohl hinsichtlich Reproduzierbarkeit und unterer Bestimmungsgrenze als auch in bezug auf den Zeitaufwand für diesen Zweck vorteilhaft. Für die Probenvorbehandlung erwiesen sich ein Tempern der Fasern im N_2-Strom bei 200 °C und Absorption des ausgetriebenen DMF in Wasser oder die Extraktion des DMF mit Wasser als gut geeignet.

Wir danken Frau *Marlies Kreuschner*, Frl. *Ingelore Hinze* und Herrn *Hermann Kreitling* für die Mitarbeit bei der Durchführung der Versuche.

5. Literatur

[1] *Wegener, W.*, und *Merkle, R.*: Der Einfluß von DMF-Resten auf die dynamometrischen Eigenschaften eines Faserstoffes aus einem Polyacrylnitril-Copolymerisat. Melliand-Textilber. **47** (1966) 4, S. 343—348.

[2] *Urbanowicz, S.*: Modifizierte Methode zur Bestimmung von DMF in Lösungen und Fasern. Chem. Analit., Warszawa **6** (1961), S. 855—858.

[3] *Wünsch, E.*: Die Bestimmung von Dimethylformamid in Polyacrylnitril. Mitt. Inst. Textiltechnol. Rudolstadt **2** (1958) 2, S. 55—60.

[4] *Kläcel, Z.*, und *Bednáriková, B.*: Die Bestimmung kleiner Mengen von Dimethylformamid in wäßrigen Lösungen. Chem. Prům. (Chem. Ind.) **19(44)** (1969) 10, S. 470—471.

[5] *Stanley, E. L.*, *Baum, H.*, und *Gove, J. L.*: Die Bestimmung kleiner Mengen Dimethylamin in technischen Methylaminen. Eine einfache Methode zur Trennung des Dimethylamins von Monomethylamin. Analytic. Chem. **23** (1951) S. 1779—1782; ref.: Chem. Zbl. 1953, 2813.

[6] *Ekladius, L.*, und *King, H.*: Eine kolorimetrische Methode zur Bestimmung aliphatischer Amine in Gegenwart von Ammoniak. Biochem. J. **65** (1951) S. 128—131.

[7] *Mekrjukoba, T. V.*, und *Turjan, Ja. J.*: Indirekte polarographische Bestimmung von Acetonitril, Dimethylformamid und Dimethylamin. Ž. ana. Chimii (Z. analyt. Chem.) **23** (1963) S. 1712—1715.

[8] *Massmann, W.*: Archiv Gewerbepathologie und Gewerbehygiene **14** (1955/56), S. 91—97.

[9] *Schmolke, R.*: Die Bestimmung von Dimethylformamid in Polyacrylnitril. Faserforsch. u. Textiltechnik **16** (1965) 10, S. 514—516.

Hans Nestler und *Jürgen Mai*
CFK „Wilhelm-Pieck" Schwarza,
Chemiefaserwerk Premnitz,
Direktionsbereich Forschung

Eingegangen am 8. April 1970

Neue Bücher

Fisiko-chimčeskie osnovy propityvanja i impregnirovanja voloknistych materialov dispersijami polimerov. (Physikalisch-chemische Grundlagen der Appretur und Imprägnierung von Faserstoffsystemen mit wäßrigen Polymerdispersionen.) Von *S. S. Vojuckij.* Leningrad: Verlag „Chemie", Leningrader Abteilung 1969. 336 S. Geb. 1,60 Rubel.

Im Zeitalter der „Literaturexplosion" gewinnen Monographien über bestimmte Forschungsgebiete zunehmendes Interesse, da sie dem Leser einen schnellen Überblick über den Erkenntnisstand bis zu einem meist durch die Drucklegung festgelegten Zeitpunkt gestatten und einen schnellen Weg zur Originalliteratur eröffnen. Der Verfasser hat die weit verstreute Literatur auf einem Gebiet, das durch den zunehmenden Einsatz von Vliesstoffen und Verbundstoffen ständig an praktischer Bedeutung gewinnt, zusammengestellt, wobei die sowjetischen Arbeiten besondere Berücksichtigung finden. Die theoretischen Grundlagen werden in leicht faßlicher Form dargeboten.

In sieben Kapiteln werden die Benetzung von Faserstoffsystemen, das Tränken und die Theorie der Flüssigkeitsaufnahme durch Kapillaren, die Sorption von Polymerdispersionen durch Faserstoffe, die Appretur von Faserstoffsystemen mit Polymerdispersionen, die Migration der Dispersionsphase beim Trocknen von mit Polymerdispersionen imprägnierten Faserstoffsystemen, die Adhäsion von Polymeren an verschiedenen Faserstoffen und die physikomechanischen Eigenschaften von appretierten Faserstoffsystemen beschrieben.

Das Buch ist geeignet, eine Lücke in der bisher vorliegenden Literatur zu diesem Thema zu schließen. Bei einer weiteren Auflage wären ein Hinweis, bis zu welchem Zeitpunkt die Originalliteratur berücksichtigt wurde, und ein Sachwortverzeichnis wünschenswert. Dabei müßte auch die Formulierung des Titels auf dem Umschlag und auf der ersten Seite in Übereinstimmung gebracht werden. Die Literaturangaben bedürfen einer Überprüfung, z. B. Kapitel IV, Nr. 50 und 51, Kapitel VII, Nr. 3; stellenweise wären genauere Angaben, z. B. Kapitel VI, Nr. 5 bis 11, erforderlich. Bei den angeführten Produktnamen fehlt meist die Angabe der chemischen Basis. Insgesamt scheint der Verfasser sich vorwiegend auf ältere Literatur zu stützen. Dies fällt insbesondere bei der Beschreibung der Faserstruktur von Baumwolle auf, wobei lediglich Vorstellungen von *Frey-Wissling* vom Jahre 1937 angegeben sind. Auch über die in diesem Zusammenhang wichtigen Erkenntnisse über Oberflächenstrukturen und Porosität von Baumwolle (Literatur von 1940!) und Synthesefaserstoffen ist eine Vielzahl modernerer Arbeiten bekannt. Bei der Darstellung der Adhäsionstheorien werden die Arbeiten von *Krupp* u. Mitarb. sowie von *Overbeck* u. Mitarb., die den Einfluß von *van der Waals*schen Kräften bei der Adhäsion untersuchen, und die Beiträge von *Zisman*, die den Zusammenhängen zwischen Adhäsion und chemischer Konstitution gewidmet sind, vermißt.

Wie eingangs betont, besteht ein aktuelles, von praktischen Gesichtspunkten notwendiges Interesse an der vorliegenden Thematik. Trotz der offenbleibenden Wünsche wird das Buch schon in der vorliegenden Fassung seinen Lesern nutzbringende Kenntnisse vermitteln. Es wäre zu wünschen, daß diese Monographie nach entsprechender Überarbeitung und Übersetzung auch den deutschsprachigen Wissenschaftlern und Praktikern zugänglich würde.

H. Grimm

Das wissenschaftliche Werk von Hermann Staudinger. Gesammelte Arbeiten nach Sachgebieten geordnet. Band I: Arbeiten über Isopren, Kautschuk und Balata. Hgg. von *Magda Staudinger* unter Mitwirkung von *H. Hopff* und *W. Kern.* Basel/Heidelberg: Hüthig & Wepf Verlag 1969. XII, 851 S. Ganzlwd. DM 142,—.

Zu Beginn des 20. Jahrhunderts stand die Kolloidchemie in voller Blüte. Die ersten zusammenfassenden Darstellungen von *Wo. Ostwald*, *H. Freundlich* und anderen waren um 1910 erschienen. Sie zeigten bereits die grundlegenden Wesenszüge der kolloiden Systeme. Man unterschied lyophile und lyophobe Kolloide, je nachdem ob sie von selbst oder durch bestimmte Kunstgriffe in den kolloiden Zustand übergehen. Einige experimentelle Ergebnisse, die man bei der Untersuchung von Naturstoffen mit Kolloideigenschaften wie Kautschuk, Cellulosederivate und Eiweiße erhielt, waren jedoch durch die Kolloidchemie nicht zu deuten. *Hermann Staudinger* postulierte deshalb 1920, daß diese Substanzen aus sehr großen Molekülen bestehen müßten, die er Makromoleküle nannte. Den ersten experimentellen Beweis für sein Postulat veröffentlichte er 1922. Bei der Hydrierung des Kautschuks entsteht ein Hydrokautschuk, der ebenfalls Kolloideigenschaften besitzt. Die kolloiden Teilchen des Kautschuks können daher nicht aus mehreren Molekülen, die durch Nebenvalenzen gebunden sind, gebildet sein, sondern sie sollten aus nur einem, sehr großen Molekül bestehen.

Diese Vorstellungen setzten sich zunächst nicht ohne weiteres durch. Molekulargewichte von 10^4 bis 10^5, wie *Staudinger* sie annahm, und die Vorstellung, daß die Moleküle einer Substanz keine einheitliche Größe, sondern eine Molekulargewichtsverteilung besitzen, dürften für die von den Erfolgen der Kolloidchemie beeindruckten Chemiker gedanklich schwer zu bewältigen gewesen sein. Das Verdienst und die Leistung *H. Staudingers* liegt wohl vor allem darin, daß er seine Vorstellungen vom Makromolekül über viele Jahre hinweg unbeirrt verteidigt und sie ständig weiter ausgebaut und experimentell gesichert hat. Durch seine Arbeiten auf diesem Gebiet vertiefte er die Kenntnis wichtiger makromolekularer Naturstoffe. Auch synthetische Polymere wie Polyoxymethylen und Polystyrol wurden von ihm ausgiebig untersucht. Fast zwangläufig entwickelte *Staudinger* noch eine neue Einteilung der Kolloide in Dispersoide, Micell- oder Assoziationskolloide und Makromoleküle, die auch heute noch in führenden Lehrbüchern der Kolloidchemie verwendet wird.

So begründete *Hermann Staudinger* die makromolekulare Chemie. 1953 erhielt er den Nobelpreis für seine Arbeiten.

Heute ist die makromolekulare Chemie in Industrie und Forschung ein weitgehend selbständiger Zweig geworden. Sie umfaßt umfangreiche Gebiete der organischen und physikalischen Chemie und greift in die Physik und Biochemie hinein. Für die Molekularbiologie schuf sie die Grundlagen, indem sie die erste ausführliche Interpretation von Lebensvorgängen in Begriffen makromolekularer Strukturen ermöglichte. Jedoch die Lehre scheint mancherorts dieser Entwicklung noch nicht gerecht zu werden.

Jetzt liegt der erste Band einer Reihe vor, in der sämtliche Arbeiten und Vorträge *Hermann Staudingers*, nach Sachgebieten geordnet, veröffentlicht werden. Er enthält die Publikationen über Isopren, Kautschuk und Balata. Der zweite und dritte Band werden die Arbeiten über Cellulose und Cellulosederivate und der vierte solche über Viskositätsuntersuchungen, Molekulargewichtsbestimmungsmethoden und andere physikalisch-chemische Untersuchungen bringen. Weitere Bände werden die Veröffentlichungen über synthetische makromolekulare Produkte, über niedermolekulare Verbindungen und die allgemeinen Inhalts zusammenstellen. Die Bände erscheinen in zwangloser Folge und können auch einzeln bezogen werden.

Dieses umfangreiche verlegerische Projekt geht im wesentlichen auf die Anregungen der beiden Mitherausgeber zurück. Es stellt ein Stück Wissenschaftsgeschichte dar, wie es wohl selten zu Ehren eines Mannes geschrieben werden konnte. Die gesammelten wissenschaftlichen Arbeiten *Staudingers* haben aber durchaus nicht nur eine wissenschaftsgeschichtliche Bedeutung. Sie können dem heutigen Chemiker manche Anregung geben. Beeindruckend ist auch die große Sachlichkeit des Autors in der Auseinandersetzung mit den Meinungen anderer Kollegen und die Konsequenz, mit der einmal für richtig gehaltene Ansichten verfolgt und bewiesen werden. Der makromolekulare Chemiker sollte sich Zeit und Muße nehmen, einiges darin zu lesen. Das wissenschaftliche Werk von *Hermann Staudinger* wird in keiner Fachbibliothek fehlen dürfen. *P. Fritzsche*

Engineering Properties of Thermoplastics. A Collective Work Produced by Imperial Chemical Industries Ltd., Plastics Division. Hgg. von *R. M. Ogorkiewcz.* Wiley-Interscience 1970. IX, 318 S. 4°. Lwd. 120 s.

Das Buch trägt der ständigen Ausweitung des Einsatzes von Kunststoffen als Konstruktionsmaterialien Rechnung. Es wendet sich vor allem an Konstrukteure und Kunststoffverarbeiter.

Nach einer kurzen Einführung in die chemische Struktur und Prinzipien der Formgebung von Kunststoffen werden physikalische Eigenschaften wie Deformationsverhalten, Festigkeit, elektrische und optische Eigenschaften, Reibungsverhalten, thermische und einige chemische Eigenschaften summarisch dargestellt. Es folgen etwa 220 Seiten mit speziellen Angaben über Kriechverhalten, Spannungs/Dehnungs-Verhalten, Schlagfestigkeit bei verschiedenen Temperaturen und nach verschieden langen Lagerzeiten, elektrische Eigenschaften usw. Verständlicherweise können nicht alle Kunststoffe in so ausführlicher Form abgehandelt werden, es werden aber die Eigenschaften der wichtigsten „Massenplaste" in der Reihenfolge Polypropylen, Polyäthylen, Poly-4-methylpenten, Acetalcopolymere, Polyamide, Acrylharze, PVC und Polytetrafluoräthylen sowie deren Einsatzgebiete diskutiert.

Die Darstellung der Werkstoffeigenschaften erfolgt auf etwa 180 meist ganzseitigen Schaubildern, die größtenteils auf Millimeterpapier gedruckt sind und deshalb unmittelbar als Arbeitsunterlagen verwendet werden können.

Das Buch wird mit einem Kapitel über die Gestaltung von Kunststoff-Formgegenständen und einem Literaturverzeichnis abgeschlossen.

Dieses ausgezeichnet gestaltete Buch darf wohl mit Recht als „Handbuch für Kunststoff-Konstrukteure" bezeichnet werden. *K. Dietrich*

Textile Flammability and Consumer Safety (gdi Occassional Publications 45). Zürich-Rüschlikon: Gottlieb-Duttweiler-Institut für wirtschaftliche und soziale Studien 1969. 206 S. Brosch. Sfr. 20,—, DM 18,50.

Die Veröffentlichung der Texte der auf Vortragstagungen gehaltenen Vorträge als geschlossenes Ganzes in Buchform setzt sich erfreulicherweise in immer größeren Maße durch.

Das vorliegende Buch, das vom Gottlieb-Duttweiler-Institut als 45. Folge der Occassional Publications herausgegeben wurde, setzt diese Tradition fort. Es enthält Vorträge, die auf einer internationalen Tagung von namhaften Fachleuten aus etwa 20 Ländern über „Entflammbarkeit von Textilien und Schutz der Verbraucher" gehalten wurden. Die Tagung fand am 23. und 24. Januar 1969 im Gottlieb-Duttweiler-Institut für wirtschaftliche und soziale Studien in Zürich-Rüschlikon in Anwesenheit von 280 Besuchern statt.

Nach einem Vorwort des Tagungsleiters *E. P. Martin*, des Chefs der kriminalistischen Abteilung der Staatsanwaltschaft in Basel, folgen vierzehn Vorträge, die in sechs Sektionen untergliedert sind, und zwar:
Unfallhäufigkeit, Sterblichkeit, Charakteristik der Verbrennung und Möglichkeiten der Wiedergenesung von durch Kleiderbrände Verunglückten;
Brennbarkeit von Textilien und synthetischen Materialien aller Art;
Moderne Test-Methoden zur Bestimmung der Brennbarkeit von Textilien und Plasten;
Gesetze und Vorschriften zur Verhütung von Textilbränden;
Strafrechtliche Verantwortlichkeit der Hersteller, Ausrüster, Färber und Verkäufer von Fasern;
Gegenwärtige Situation auf dem Gebiet der Flammfestausrüstung von Textilien und synthetischen Materialien.

Damit ist der Inhalt des Buches bereits umrissen; auf den Inhalt der einzelnen Beiträge soll hier nicht näher eingegangen werden, zumal die Themen bereits in der entsprechenden Fachliteratur sowie in der Sekundärliteratur (s. Spinner u. Weber, Textilveredlung **3** (1969) S. 234—236) von dem interessierten Leser nachgelesen werden können.

Das Buch enthält ferner eine Entschließung der Tagungsteilnehmer, in der die Untersuchung aller Fasern auf Entflamm- und Brennbarkeit, eine permanente Ausrüstung der Fasern oder aber bereits von der Herstellung her flammfeste Fasern, Information der Öffentlichkeit über die Brandgefährlichkeit von leicht entflammbaren Textilien, sowie eine internationale Zusammenarbeit von Medizinern, Chemikern, Juristen und anderen Experten gefordert wird.

In einer Literaturzusammenstellung wird der Leser schließlich mit modernen Veröffentlichungen auf dem Gebiet der Entflammbarkeit und der Flammfestausrüstung von Textilien, den Standard-Prüfmethoden der verschiedenen Länder sowie den Gesetzen und Vorschriften sowie einschlägigen Büchern bekanntgemacht.

Es sei noch darauf hingewiesen, daß die Vorträge von *S. Kemp, J. Krieger* und *E. W. Stark* (Zusammenfassung) in der Zeitschrift Bekleidungsmedizin **9** (1969) 3, S. 2—15, in deutscher Sprache erschienen sind.

Das Buch kann allen auf diesem Fachgebiet tätigen Chemikern und jedem, der in irgendeiner Form mit diesem Gebiet in Berührung kommt, sehr empfohlen werden.

G. Lange

75 Jahre Farben- und Textilchemie an der TU Dresden

Unter diesem Titel beabsichtigt die Sektion Chemie der TU Dresden unter der Regie der Bereiche Hochpolymeren-, Textilchemie sowie Organische und Farbenchemie am 29. und 30. 10. 1970 ein Festkolloquium durchzuführen. Im Rahmen dieser Veranstaltung werden unter Beteiligung internationaler Gäste Vorträge über aktuelle Probleme der Farben- und Textilchemie gehalten werden. Interessenten wenden sich bitte an das

Organisationskomitee des Festkolloquiums
TU Dresden, Sektion Chemie,
801 Dresden, Mommsenstr. 4

Patentschau

Auszug aus der Lieferung 23/24/1969 und 1/2 1970 der Patentschau „Faserstoffe und Textiltechnik", Ausgabe A: Faserstoffe einschl. Kunststoffe und organ. Grundsubstanzen, zusammengestellt von der Abteilung Wissenschaftliches Berichtswesen des Instituts für Faserstoff-Forschung der DAW, 153 Teltow-Seehof, Kantstr. 55

Die Patentschau ist nach der deutschen Patentklasseneinteilung gegliedert. Es bedeuten: DDP = DDR-Patent; DBP = Deutsches Bundespatent; DAS = (West)-Deutsche Auslegeschrift; DOS = (West)-Deutsche Offenlegungsschrift; OeP = Österreichisches Patent; PoP = Polnisches Patent; SzP = Schweizer Patent; FrP = Französisches Patent; GBP = Britisches Patent; JaP = Japanisches Patent; SvP = Schwedisches Patent; SUP = Sowjetisches Patent; ČSP = Tschechoslowakisches Patent; USP = Amerikanisches Patent; A = Anmeldedatum, B = Tag der Ausgabe der Patent- bzw. Auslegeschrift. O = Offenlegungstag.

Klasse 12o, 6. Synthetische Derivate der Kohlenhydrate u. dgl., z. B. Celluloseester, auch Viscose

SUP 253042 (Urheberschein). Zweistufenverfahren zur Herstellung von Sulfitzellstoff. Erf.: *M. N. Cypkina, L. O. Ioffe, M. V. Ospiščeva, V. V. Chažova, I. M. Kopanceva* u. *R. V. Gorjunova.* Anm.: Vsesojuznyj naučno-issledovatel'skij Institut celljulozno-bumažnoj Promyšlennosti. A. 15. 2. 67, B. 30. 9. 69. Kl.: 12o, 6. A.-Z.: 1134341/23-4.

Klasse 12o, 14. Aromatische Carbonsäuren und Harzsäuren (teilweise)

SzP 479524. Verfahren zur Herstellung von Terephthalsäure von hoher Reinheit. Erf.: *Yataro Ichikawa, Nobuo Suzuki* u. *Michiyuki Tokashiki.* Inh.: Teijin Limited, W-1, Umeda, Kita-ku, Osaka (Ja). A. 9. 9. 65. Int. Kl.: C 07c 63/26. A.-Z.: 12571/65. Prior.: 9. 9. 64 u. 25. 9. 64 (Ja; A.-Z.: 51554/64, 55007/64. A.-Z.: 51554/64: JaP 23448/68. Entspr. FrP 1456805 u. USP 3364256.

SUP 252324 (Urheberschein). Verfahren zur Trennung von Terephthalsäure. Erf.: *R. N. Chlestkin, V. K. Kaporskij, A. Z. Bikkulov, L. G. Šakirov, F. K. Asmandijarov* u. *G. F. Juchno.* Anm.: Ufinskij neftjanoj Institut. A. 28. 12. 67, B. 22. 9. 69. Kl.: 12o, 14. A.-Z.: 120751/23-4.

Klasse 12o, 21. Carbonsäuren mit ungesättigter Atomkette, z. B. Zimtsäure (teilweise)

DOS 1518810. Verfahren zur Stabilisierung von Acrylnitril. Erf.: *Paul Schneider* u. *Bernhard Scherhag.* Anm.: Farbenfabriken Bayer AG, 5090 Leverkusen. A. 6. 3. 65, O. 10. 7. 69. Kl.: 12o, 21. A.-Z.: 1518810 (F 45438). Entspr. FrP 1476871 u. USP 3428666.

FrP 1581163. Verfahren und Vorrichtung zur Herstellung ungesättigter aliphatischer Nitrile. Inh.: Società Italiana Resine S.p.A. A. 31. 7. 68, B. 12. 9. 69. Int. Kl.: C 07c. A.-Z.: 161411. Prior: 1. 8. 67 (It; A.-Z.: 19063/1967).

Klasse 12p, 5. Stickstoffringe der heterocyclischen Reihe mit einem Stickstoffatom. Sonstige Ringe mit einem Stickstoffatom ...., Lactame .... (teilweise)

USP 3459640. Verfahren zum Reinigen von Lactamen. Erf.: *Shigemitsu Tsunawki* u. *Yutaka Furusawa.* Inh.: Teijin Ltd., Osaka (Ja). A. 6. 4. 66, B. 5. 8. 69. Kl.: 203–88, Int. Kl.: B 01d 3/08 u. 3/06. 3 Anspr. A.-Z.: 540629. Prior.: 8. 4. 65 (Ja; A.-Z.: 40/20719).

Klasse 29a. Mechanische Gewinnung von Gespinstfasern

DDP 69667. Nachbehandlungseinrichtung. Erf. u. Inh.: *Alfred Bender,* Wolfen u. *Benno Jacob,* Greppin. A. 19. 3. 68, B. 5. 11. 69. Kl.: 29a, 5/06. A.-Z.: WP 29a/130930.

DOS 1494658. Zusammengesetzte synthetische Textilfäden oder -fasern mit verbesserten Textileigenschaften und Verfahren zu ihrer Herstellung. Erf.: *Corrado Mazzolini* u. *Alfredo Bariesco.* Anm.: Monsanto Co., St. Louis, Mo. (US). A. 29. 4. 63, O. 4. 6. 69. Kl.: 29a, 6/06 (29b, 3/70). A.-Z.: P 1494658 (M 56644). Prior.: 30. 4. 62 (It; A.-Z.: 22969).

JaP 16168/69. Spinndüse. Inh.: Toyo Spinning Co. Ltd. A. 8. 5. 65, B. 17. 7. 69. Kl.: 42A. A.-Z.: 26899/65.

JaP 16170/69. Spinnen von Fäden. Inh.: Kanegafuchi Spinning Co. Ltd. A. 12. 11. 65, B. 17. 7. 69. Kl.: 42A. A.-Z.: 69588/65.

OeP 278232. Vorrichtung zum Behandeln von Filamenten mittels Gas. Inh.: Algemene Kunstzijde Unie N. V., Arnhem (Nd). A. 17. 12. 65, B. 15. 5. 69. Kl.: 29a, 7/08. A.-Z.: 11370/65. Prior. 18. 12. 64 (Nd; A.-Z.: 6414783).

FrP 1582622. Vorrichtung und Verfahren zur Behandlung von Fäden. Erf.: *R. K. Stanley.* Inh.: Techniservice Corp. A. 12. 8. 68, B. 3. 10. 69. Int. Kl.: D 02g. A.-Z.: 162818.

USP 3460199. Spinndüsenanordnung. Erf.: *Robert S. Heckrotte, Donald C. Kiscaden* u. *Nathaniel C. Wyeth.* Inh.: E. I. du Pont de Nemours & Co., Wilmington, Del. A. 11. 8. 67, B. 12. 8. 69. Kl.: 18–8, Int. Kl.: D 01d 3/00. 9 Anspr. A.-Z.: 660020.

JaP 18367/69. Umlaufspinnen von Viskose. Inh.: Kurashiki Rayon Co. Ltd. A. 22. 12. 64, B. 12. 8. 69. Kl.: 42B. A.-Z.: 72435/64.

SUP 253995 (Urheberschein). Spulenhalter. Erf.: *L. I. Eliseev.* Anm.: Vsesojuznyj naučno-issledovatel'skij Institut. Mašin dlja Proizvodstva sintetičeskich Volokon. A. 9. 1. 67, B. 7. 10. 69. Kl.: 29a, 6/13. A.-Z.: 1125014/28-12.

DDP 69874. Einrichtung zum Verhüten von Bildwicklung an Texturiermaschinen. Erf. u. Inh.: *Günther Wolf,* Flöha, *Kurt Röder* u. *Achim Scheibner,* Karl-Marx-Stadt. A. 3. 4. 68, B. 20. 11. 69. Kl.: 29a, 6/20. A.-Z.: WP 29a/131249.

DOS 1435694. Verfahren zur Verbesserung wollartig gekräuselter vollsynthetischer Fäden bzw. Fadenbündel, insbesondere Polyamidfäden. Erf.: *Georg Thoma.* Anm.: Julius Schüren GmbH, 8900 Augsburg. A. 8. 1. 62, O. 12. 6. 69. Kl.: 29a, 6/20. A.-Z.: P 1435694 (Sch 30795).

DOS 1812421. Verfahren zur Herstellung von synthetischem Kräuselgarn. Erf.: *Hendrik Potman, Jannes Eshuis* u. *Hendrinus Sempel.* Anm.: Algemene Kunstzijde Unie N. V., Arnhem (Nd). A. 3. 12. 68, O. 3. 7. 69. Kl.: 29a, 6/20. A.-Z.: P 1812421. Prior.: 12. 12. 67 (Nd; A.-Z.: 6716844).

FrP 1581132. Neue selbstkräuselnde Fäden sowie deren Herstellungsverfahren. Erf.: *E. Rottenbacher* u. *F. Sassanelli.* Inh.: Snam Progetti S. p. A. A. 26. 7. 68, B. 12. 9. 69. Int. Kl.: D 01d u. D 01f. A.-Z.: 160784. Prior.: 8. 8. 67 (It; A.-Z.: 19321 A/67).

USP 3460336. Zusammengesetzte Fadenstrukturen und Verfahren zu ihrer Herstellung. Erf.: *George H. Collingwood, Harry J. Demas* u. *George F. Bryant.* Inh.: Allied Chemical Corp., New York, N. Y. A. 4. 4. 67, B. 12. 8. 69. Kl.: 57-140, Int. Kl.: D 02g 3/02. 22 Anspr. A.-Z.: 628371.

DOS 1435713. Verfahren zum unmittelbaren Schmelzspinnen und Ziehen von synthetischen Fäden. Erf.: *Terumichi Ono, Tsuneo Haga* u. *Rokuro Sakai.* Anm.: Toyo Rayon Kabushiki Kaisha, Tokio. A. 30. 7. 64, O. 12. 6. 69. Kl.: 29a, 6/21. A.-Z.: P 1435713 (T 26701). Prior.: 31. 7. 63 (Ja; A.-Z.: 37958). Entspr. FrP 1409952 u. GBP 1069696.

FrP 1579231. Verfahren und Vorrichtung zur Herstellung von Fibrillenprodukten sowie auf diese Weise hergestellte Produkte. Inh.: Algemene Kunstzijde Unie N. V. A. 29. 8. 68, B. 22. 8. 69. Int. Kl.: D 01d. A.-Z.: 164552. Prior.: 2. 9. 67 (Nd; A.-Z.: 6712079).

FrP 1583108 (Aj.). Verfahren, um Fäden an ein Kabel zu binden. Inh.: Société Rhodiaceta. A. 7. 8. 68, B. 17. 10. 69. Int. Kl.: D 01d. A.-Z.: 162208.

USP 3460337. Synthetischer Faden und Verfahren zur Herstellung. Erf.: *George B. Feild.* Inh.: Hercules Inc., Wilmington, Del. A. 18. 12. 67, B. 12. 8. 69. Kl.: 57-140, Int. Kl.: D 02g 3/02. 9 Anspr. A.-Z.: 691410.

USP 3457744 Zus. z. Pat. m. A.-Z.: 506304. A. 4. 11. 65. Verfahren zum Erspinnen eines Vlieses aus Polypropylenfäden in Wirrlage. Erf.: *Rudolph Woodell.* Inh.: E. I. du Pont de Nemours & Co., Wilmington, Del. A. 15. 10. 68, B. 16. 9. 69. Kl.: 264-205, Int. Kl.: D 01f 7/00. 2 Anspr. A.-Z.: 768617.

FrP 1579174. Verfahren zur Entfettung von Wolle. Inh.: Couche, R. A. A. 14. 8. 68, B. 22. 8. 69. Int. Kl.: D 01b. A.-Z.: 163055. Prior.: 18. 8. 67 (Au A.-Z.: 26133/1967).

SzP 480453. Regenerierte Cellulosefaser und Verfahren zur Herstellung derselben. Erf.: *Toshiro Owashi, Keigo Omoe, Hiroshi Ito* u. *Atsushi Kawai.* Inh.: Mitsubishi Rayon Co., Ltd., 8, Kyobashi-2-chome, Chuo-ku, Tokio (Ja). A. 27. 10. 61, Int. Kl.: D 01f 3/12. A.-Z.: 12460/61. Prior.: 27. 10. 60 (Ja; A.-Z.: 43459/60). Entspr. DOS 1469108.

DOS 1469151. Naßspinnverfahren zur Herstellung von Fasern und Fäden aus Cellulosetriacetat. Erf.: *Walter Fischer* u. *Paul Ernst.* Anm.: Celanese Corp., New York, N. Y. (US). A. 4. 3. 60, O. 10. 7. 69. Kl.: 29b, 3/30. A.-Z.: P 1469151 (W 27393).

Klasse 29b. Chemische Gewinnung bzw. Herstellung von Spinnfasern und Fäden sowie ihre Präparation für die textile Weiterverarbeitung

DOS 1494541. Verfahren zur Herstellung elastischer Polyurethangarne. Erf.: *Ryoichi Wakasa, Isamu Suzuki, Hidemaro Iwashita, Jukichi Omura* u. *Toshio Iwasa.* Anm.: Asahi Kasei Kogyo Kabushiki Kaisha, Osaka (Ja.). A. 20. 4. 64, O. 3. 7. 69. Kl.: 29b, 3/60. A.-Z.: P 1494541 (A 45800). Prior.: 20. 4. 63 (Ja; A.-Z.: 20051). Entspr. FrP 1389386.

FrP 1579608. Polyester-Faserstoffe. Inh.: E. I. du Pont de Nemours and Co. A. 11. 6. 68, B. 29. 8. 69. Int. Kl.: D 01f. A.-Z.: 154620.

GBP 1167871. Hochmodul-Polyamidreifencord. Inh.: Imperial Chemical Industries Ltd. A. 13. 9. 66, B. 22. 10. 69. Kl.: B 5. B, Int. Kl.: D 01f 7/04 u. 7/06. A.-Z.: 40816/66. Entspr. FrP 1538837.

JaP 16177/69. Modifizierter Polyamidfaden. Inh.: Toyo Rayon Co. Ltd. A. 18. 5. 66, B. 17. 7. 69. Kl.: 42D. A.-Z.: 31144/66. Entspr. FrP 1528150. u. GBP 1141118.

JaP 17566/69. Hochschrumpfender Polyamidfaserstoff. Inh.: Asahi Chem. Ind. Co., Ltd. A. 19. 12. 66, B. 1. 8. 69. A.-Z.: 82772/66.

JaP 18927/69. Elastischer Polyurethanfaserstoff. Inh.: Fuji Spinning Co. Ltd. A. 7. 2. 67, B. 18. 8. 69. A.-Z.: 7242/67.

DOS 1494623. Verfahren zur Herstellung von Fasern bzw. Fäden aus Acrylnitril-Polymeren durch Naßverspinnen. Erf.: *Kazumi Nakagawa, Junji Tsuge* u. *Nobuhiro Tsutsui*. Anm.: Japan Exlan Co. Ltd., Osaka (Ja.). A. 4. 6. 64, O. 3. 7. 69. Kl.: 29b, 3/65. A.-Z.: P 1494623 (J 25964). Prior.: 5. 6. 63 (Ja; A.-Z.: 29445). Entspr. FrP 1397075, GBP 1006040 u. USP 3399260.

FrP 1580519. Verfahren zur Herstellung synthetischer Faserstoffe und nach diesem Verfahren erhaltene Faserstoffe. Erf.: *G. Cantatore* u. *A. Bonvicini*. Inh.: Montecatini Edison S. p. A. A. 22. 7. 68, B. 5. 9. 69. Int. Kl.: C 08g 30/00, C 08f u. D 01f. A.-Z.: 160029. Prior.: 25. 7. 67 (It; A.-Z.: 18761A/67).

JaP 16539/69. Polypropylenkompositionen. Inh.: Japan Olefin Chemicals Co. Ltd. A. 18. 10. 65, B. 22. 7. 69.

JaP 16173/69. Anwendung von Schmälzmitteln auf Bündeln von Synthesefaserstoffen. Inh.: Toyo Rayon Co. Ltd. A. 4. 12. 67, B. 17. 7. 69. Kl.: 42A. A.-Z.: 77590/67.

JaP 18925/69. Schmälzvorrichtung für Faserstoffe. Inh.: Toyo Rayon Co. Ltd. A. 4. 11. 67, B. 18. 8. 69. Kl.: 42A. A.-Z.: 70791/67.

DDP 69878. Verfahren und Vorrichtung zum Strecken und Kräuseln von synthetischem Garn und danach hergestelltes Erzeugnis. Erf.: *Johan Jacques Mertens*. Inh.: Algemene Kunstzijde Unie N. V., Arnhem (Nd). A. 2. 8. 68, B. 20. 11. 69. Kl.: 29b, 5/04. A.-Z.: AP 29b/133899. Prior.: 4. 8. 67 u. 14. 2. 68 (Nd; A.-Z.: 67-10832 u. 68-02063).

USP 3460896. Polyesterfaserstoffe mit verbesserten hydrophoben Eigenschaften als Ergebnis einer Modifizierung mit Phosphorsäure, phosphoriger Säure oder Perchlorsäure. Erf.: *John R. Caldwell*. Inh.: Eastman Kodak Co., Rochester, N. Y. A. 14. 10. 64, B. 12. 8. 69. Kl.: 8–115,5, Int. Kl.: D 06p 3/52 u. 3/00. 4 Anspr. A.-Z.: 403907. Entspr. GBP 1121753.

USP 3460897. Zus. z. Pat. m. A.-Z.: 292771. A. 3. 7. 63. u. Pat. m. A.-Z.: 113117. A. 29. 5. 61. Milde alkalische Oxydationsbehandlung von Polyacrylnitrilfaserstoffen oder -filmen zur Verbesserung der Flexibilität und Anfärbbarkeit. Erf.: *Fred J. Lowes jr.* Inh.: The Dow Chemical Co., Midland, Mich. A. 25. 6. 65, B. 12. 8. 69. Kl.: 8-115,4, Int. Kl.: D 06m 3/18. 4 Anspr. A.-Z.: 467112. A.-Z.: 113117 vgl. auch USP 3127233.

Klasse 32a, 37/00. Herstellung von Fasern oder Fäden aus flüssigem Glas, flüssigen Mineralien oder flüssiger Schlacke

DDP 69674. Verfahren und Anlage zur Herstellung feinster Fasern aus Glas. Erf. u. Inh.: *Herbert Fölsche*, Lauscha, *Gerhard Greiner-Bör*, Lauscha, *Klaus Leipold-Kuller*, Lauscha, *Rudi Wenzel* u. *Herbert Luthard*, Lauscha. A. 26. 7. 68, B. 5. 11. 69. Kl.: 32a, 37/00. A.-Z.: WP 32a/133743.

DOS 1496036. Verfahren und Vorrichtung zur gleichzeitigen kontinuierlichen Erzeugung einer Vielzahl von Fäden durch mechanischen Abzug aus in der Hitze plastischen, mineralischen Stoffen, insbesondere Glas. Erf. u. Anm.: *Werner Hugo Wilhelm Schuller*, 8022 Grünwald (DB). A. 6. 12. 63, O. 17. 7. 69. Kl.: 32a, 37/02. A.-Z.: P 1496036 (Sch 34281). Entspr. FrP 1420672 u. USP 3311688.

SUP 252564 (Urheberschein). Vorrichtung zum Recken und Aufspulen von Fäden. Erf.: *A. P. Baburov, V. I. Čistov, S. S. Kutukov, V. P. Novikov, V. V. Vedernikov, E. V. Ritter* u. *I. P. Garusov*. A. 7. 5. 68, B. 22. 9. 69. Kl.: 32a, 37/02. A.-Z.: 1238242/29-33.

Klasse 32b, 25/00. Oberflächenbehandlung von Fasern oder Fäden aus Glas, Mineralien oder Schlacke

USP 3460216. Aminoalkylsilicon-Glasgleitmittel. Erf.: *James K. Campbell* u. *Harold A. Clark*. Inh.: Dow Corning Corp., Midland, Mich. A. 22. 10. 65, B. 12. 8. 69. Kl.: 28-75, Int. Kl.: C 03b 37/00. 6 Anspr. A.-Z.: 502378. Entspr. FrP 1497166.

Klasse 39b. Makromolekulare Verbindungen; ihre Herstellung und chemische Verarbeitung; Massen auf der Grundlage derartiger Verbindungen

Klasse 39b1. Polysaccharide und deren Derivate

JaP 16173/69. Celluloseacetat. Inh.: Asahi Chisso Acetate Co. Ltd. A. 8. 10. 65, B. 17. 7. 69. A.-Z.: 61746/65.

DOS 1808937. Verfahren zur Herstellung von teilweise acylierter regenerierter Cellulosefolie oder -faser. Erf.: *Viljo Tammela* u. *Olli Turunen*. Anm.: Oy, Neste, Helsinki (Fi). A. 14. 11. 68, O. 17. 7. 69. Kl.: 39b1, 21/02. A.-Z.: P 1808937. Prior.: 17. 11. 67 (Fi; A.-Z.: 3106).

Klasse 39b2. Naturkautschuk und seine Derivate

DOS 1544801. Emulsionen und Latices verstärkter Polymerisate. Erf.: *Kenneth Osborne Calvert, Robert John Prichards* u. *John Sidney Cooper*. Anm.: Dunlop Rubber Co. Ltd., London. A. 4. 10. 65, O. 10. 7. 69. Kl.: 39b2, 1/18.

Klasse 39b3. Synthesekautschuk

DOS 1570101. Thermoplastische Mischpolymerisate mit antistatischen Eigenschaften. Erf.: *Hans Weitzel, Harold Ebneth, Karl-Heinz Ott* u. *Karl Dinges*. Anm.: Farbenfabriken Bayer AG, 5090 Leverkusen. A. 6. 8. 65, O. 10. 7. 69. Kl.: 39b3, 9/08. A.-Z.: 1570101 (F 46817). Entspr. FrP 1488813.

SUP 254070 (Urheberschein). Tränkekomposition auf der Basis von Latices mit Resorcin/Formaldehyd-Harz für Gummi/Textil-Verbindungen. Erf.: *I. L. Šmurak* u. *N. M. Mjasnikova*. A. 15. 1. 68, B. 7. 10. 69. Kl.: 39b3, 13/16. A.-Z.: 1211345/23-5.

Klasse 39b4. Polymerisationsprodukte

USP 3454512. Polypropylen, Polyamid und Äthylencopolymeres enthaltende färbbare Kompositionen. Erf.: *Mukhtar Ahmed*. Inh.: Chemcell (1963) Ltd., Montreal (Ca.) A. 11. 5. 65, B. 8. 7. 69. Kl.: 260-23. Int. Kl.: C 08f 29/02, 45/00 u. D 06p 3/24. 10 Anspr. A.-Z.: 549147. Prior.: 22. 12. 65 (Ca; A.-Z.: 948470). Entspr. FrP 1511167 u. GBP 1111210.

DOS 1494358 Zus. z. Anm. 1494355. Verfahren zur verbesserten Feinverteilung von Polyäthylen. Erf.: *Wolfgang Spindler*. Anm.: Fa. Technoplast-Spindler AG, Buochs (Sz). A. 28. 7. 59, O. 14. 5. 69. Kl.: 39b4, 29/04. A.-Z.: P 1494358 (T 17015). Entspr. SzP 404195 u. USP 3244687.

USP 3454670. Epichlorhydrin/Diamin/Diphenol-Polykondensat enthaltende Polypropylenkomposition mit verbesserter Anfärbbarkeit. Erf.: *Giuseppe Cantatore* u. *Alberto Bonvicini*. Inh.: Montecatine Edison S. p. A., Mailand (It). A. 9. 5. 66, B. 8. 7. 69. Kl.: 260-837, Int. Kl.: C 08f 29/10. 7 Anspr. A.-Z.: 548388. Prior.: 14. 5. 65 (It; A.-Z.: 10891/65). Entspr. FrP 90042 u. GBP 1078585.

DAS 1296798. Stabilisieren halogenhaltiger Polymerisate. Erf.: *Volker Franzen, Thomas Steiner* u. *Volkher Biese*. Anm.: Deutsche Advance Produktion GmbH, 6141 Lautern. A. 6. 4. 62, B. 4. 6. 69. Kl.: 39b4, 29/14 (39b4, 45/58). A.-Z.: P 1296798 (D 38602). Entspr. SzP 436701, FrP 1357225 u. GBP 1031487.

DOS 1494025. Verfahren zur Veredlung von geformten Gebilden. Erf.: *Carlhans Süling, Egon Kuntz* u. *Otto Bayer*. Anm.: Farbenfabriken Bayer AG, 5090 Leverkusen. A. 26. 10. 61, B. 30. 4. 69. Kl.: 39b4, 29/54. A.-Z.: P 1494025 (F 35213). Entspr. GBP 994033.

DOS 1494047. Verfahren zur Herstellung von Lösungen aus Acrylnitrilpolymerisaten in organischen Lösungsmitteln. Erf.: *Heino Logemann, Carlhans Süling, Robert Schmitz-Josten* u. *Ernst Roos*. Anm.: Farbenfabriken Bayer AG, 5090 Leverkusen. A. 2. 11. 62, O. 22. 5. 69. Kl.: 39b4, 29/54. A.-Z.: P 1494047 (F 38207). Entspr. FrP 1386369.

DOS 1494048. Verfahren zur Herstellung von Lösungen aus Acrylnitrilpolymerisaten in organischen Lösungsmitteln. Erf.: *Heino Logemann* u. *Robert Schmitz-Josten*. Anm.: Farbenfabriken Bayer AG, 5090 Leverkusen. A. 2. 11. 62, O. 22. 5. 69. Kl.: 39b4, 29/54. A.-Z.: P 1494048 (F 38208). Entspr. FrP 1386369.

DOS 1494254. Stabilisierung von Lösungen des Polyacrylnitrils oder Co- oder Mischpolymerisaten des Acrylnitrils in starker Schwefelsäure. Erf.: *Werner Saar, Egon Petersen* u. *Wilhelm Irion*. Anm.: Phrix-Werke AG, 2000 Hamburg. A. 8. 8. 60, O. 14. 5. 69. Kl.: 39b4, 29/54. A.-Z.: P 1494 254 (P 25489). Entspr. SzP 400565, GBP 944619 u. USP 3251796.

USP 3454522. Schwarze Polyäthylenkompositionen, stabilisiert gegen Abbau durch UV-Licht mit einer synergistischen Mischung von Ruß und einem Diester oder 3,3-Thiodipropionsäure. Erf.: *Clarence E. Tholstrup*. Inh.: Eastman Kodak Co., Rochester, N. Y. A. 23. 10. 59, B. 8. 7. 69. Kl.: 260-41, Int. Kl.: C 08f 45/56 u. 45/58. 9 Anspr. A.-Z.: 848186.

SUP 249618 (Urheberschein). Verfahren zur Stabilisierung von Polyolefinen. Erf.: *A. A. Doncov, P. Farka, N. P. Borisova, G. A. Ermilova* u. *B. A. Dogadkin*. Anm.: Moskovskij Institut tonkoj chimičeskoj Technologii Im. M. V. Lomonosova. A. 21. 12. 67, B. 5. 4. 69. Kl.: 39b, 22/06. A.-Z.: 1205/658/23-5.

USP 3454523 Zus. u. Pat. m. A.-Z.: 218519. A. 22. 8. 62. Eine Stabilisatorkomposition enthaltende Poly-α-olefine. Erf.: *Clarence E. Tholstrup*. Inh.: Eastman Kodak Co., Rochester, N. Y. A. 6. 6. 66, B. 8. 7. 69. Kl.: 260-45, 8, Int. Kl.: C 08f 45/58. 2 Anspr. A.-Z.: 555225. A.-Z.: 218519 entspr. FrP 1366533 u. GBP 1053362.

USP 3457328 Zus. z. Pat. m. A.-Z.: 320848. A. 1. 11. 63. Polymere Antioxydantien. Erf.: *Philip Strubing Blatz* u. *Daniel Edwin Maloney*. Inh.: E. I. du Pont de Nemours & Co., Wilmington, Del. A. 25. 1. 68, B. 22. 7. 69. Kl.: 260-857, Int. Kl.: C 08f 45/58 u. 29/12. 3 Anspr. A.-Z.: 700367. A.-Z.: 320848 entspr. FrP 1533170 u. GBP 1064026.

JaP 12582/69. Stabilisierte Polyolefinkomposition. Inh.: Toyo Spinning Co. Ltd. A. 20. 8. 65, B. 6. 6. 69. A.-Z.: 50850/65.

DOS 1801677. Verfahren zur Herstellung von Stabilisatoren für halogenhaltige Harze und Verfahren zur Stabilisierung halogenhaltiger Harze. Erf.: *Gerhard Hubertus Frans Schmets*. Anm.: N. V. Chemische Fabriek v/h Dr. A. Haagen, Roermond (Nd). A. 7. 10. 68, O. 29. 5. 69. Kl.: 39b4, 45/62. A.-Z.: P 1801677. (Prior.: 6. 10. 67 (Nd; A.-Z.: 6713594).

USP 3454521 Zus. z. Pat. m. A.-Z.: 538432. A. 29. 3. 66. Mit einer synergistischen Kombination stabilisierte Poly-α-olefine. Erf.: *Clarence E. Tholstrup*. Inh.: Eastman Kodak Co., Rochester, N. Y. A. 14. 6. 67, B. 8. 7. 69. Kl.: 260-45, 75, Int. Kl.: C 08f 45/62 u. 45/58. 6 Anspr. A.-Z.: 646118.

PoP 58306. Verfahren zum Vulkanisieren von Äthylen/Propylen/Dien-Terpolymerabfällen. Erf.: *Jan Pielichowski*. Inh.: Instytut Ciezkiej Syntezy Organicznej, Blachownia Ślaska (Po). A. 4. 4. 68. Kl.: 39b, 8.

Klasse 39b5. Polykondensations- und Polyadditionsprodukte

JaP 11146/69. Polyoxymethylen. Inh.: Asahi Kasei Kogyo K. K. A. 18. 2. 64, B. 22. 5. 69.

JaP 11383/69. Polymerisation von HCHO. Inh.: Asahi Chemical Industry Co., Ltd. A. 16. 10. 64, B. 26. 5. 69. A.-Z.: 58570/64.

JaP 11385/69. Polymerisation von HCHO. Inh.: Sumitomo Chemical Industry Co., Ltd. A. 14. 11. 64, B. 26. 5. 69. A.-Z.: 64424/64. Entspr. FrP 1473908 u. GBP 1103258.

JaP 13156/69. Herstellung hochmolekularen Polyoxymethylens. Inh.: Yawata Chem. Ind. Co. Ltd. A. 22. 1. 65, B. 12. 6. 69. A.-Z.: 2298/65. Entspr. USP 3428590.

USP 3457235 Zus. z. Pat. m. A.-Z.: 630381. A. 28. 2. 66. Aus neuen Anthracenverbindungen mit Brücken in 9.10-Stellung hergestellte Polyesterkompositionen. Erf.: *Bruce H. Klanderman* u. *Jan W. H. Faber*. Inh.: Eastman Kodak Co., Rochester, N. Y. A. 17. 2. 67, B. 22. 7. 69. Kl.: 260-75, Int. Kl.: C 08g 17/00, 17/10 u. 17/14. 16 Anspr. A.-Z.: 616789. Entspr. FrP 1520625.

DOS 1445206. Verfahren zur Herstellung von Polycarbonaten. Erf.: *C. Bryce*. Anm.: Allied Chemical Corp., New York, N. Y. (US). A. 29. 8. 61, B. 30. 4. 69. Kl.: 39b5, 17/003. A.-Z.: P 1445206 (A 38207).

DAS 1300257. Verwendung einer Drehtrommel. Erf.: *Wolf-Dieter Hahn*. Anm.: Inventa AG für Forschung u. Patentverwertung, Zürich (Sz). A. 24. 7. 61, B. 31. 7. 69. Kl.: 39b5, 17/003 (39b5, 20/14 u. 38b5, 35/00). A.-Z.: P 1300257 (H 43223).

USP 3454531. Verfahren zur Herstellung von Polyäthylenterephthalat bei Verwendung von Metallthiocyanat-Umesterungskatalysatoren. Erf.: *Mary J. Stewart* u. *John A. Price*. Inh.: FMC Corp., Philadelphia, Pa. A. 23. 11. 66, B. 8. 7. 69. Kl.: 260-75, Int. Kl.: C 08g 17/013 u. 17/015. 6 Anspr. A.-Z.: 596459.

DAS 1300263. Verfahren zur Herstellung hochmolekularer, linearer Polyester. Erf.: *Hans Hoyer, Günter Keil* u. *Peter Kresse*. Anm.: Farbwerke Hoechst AG vorm. Meister Lucius & Brüning, 6000 Frankfurt. A. 22. 9. 62, B. 31. 7. 69. Kl.: 39b5, 17/015. A.-Z.: P 1300263 (F 37865). Entspr. SzP 424264, FrP 1369810, GBP 1033958 u. USP 3321444.

DAS 1300264. Verfahren zur Herstellung von hochpolymeren, linearen Polyestern. Erf.: *Egidius Welfers.* Anm.: Farbwerke Hoechst AG vorm. Meister Lucius & Brüning, 6230 Frankfurt-Höchst. A. 15. 3. 63, B. 31. 7. 69, Kl.: 39b5, 17/015 (29b, 3/60). A.-Z.: P 1300264 (F 39251). A.-Z.: F 39251 entspr. SzP 456956, FrP 1386003 u. GBP 1053133.

GBP 1164186. Verfahren zur Polymerisation von β-Lactonen. Inh.: Shell Internationale Research Maatschappij N. V. A. 21. 6. 67, B. 17. 9. 69. Kl.: C 3. R, Int. Kl.: C 08g 17/017. A.-Z.: 28671/67. Prior.: 23. 6. 66 (Nd; A.-Z.: 6608706). Entspr. SzP 476782 u. FrP 1528350.

JaP 11909/69. Polyester mit hoher relativer Molekülmasse. Inh.: Nippon Soda Co. Ltd. A. 27. 10. 65, B. 30. 5. 69. A.-Z.: 65616/65. Entspr. DDP 59168 u. FrP 1480557.

DAS 1300266. Verfahren zur Herstellung hochmolekularer, linearer Polycarbonate. Erf.: *Hermann Schnell, Ludwig Bottenbruch, Helmut Schwarz* u. *Hans Georg Lotter.* Anm.: Farbenfabriken Bayer AG, 7090 Leverkusen. A. 10. 6. 60, B. 31. 7. 69. Kl.: 39b5, 17/13 (39b5, 35/00). A.-Z.: P 1300266 (F 31406). Entspr. SzP 415051.

JaP 15433/69. Elastisches Polymeres vom Carbonattyp. Inh.: Asahi Chem. Ind. Co. Ltd. A. 27. 5. 66, B. 9. 7. 69. A.-Z.: 33532/66.

USP 3454672 Zus. z. Pat. m. A.-Z.: 346125. A. 20. 2. 64. Chlorierte Polyester. Erf.: *Winston Jerome Jackson jr.* u. *John R. Caldwell.* Inh.: Eastman Kodak Co., Rochester, N. Y. A. 29. 11. 67, B. 8. 7. 69. Kl.: 260-860, Int. Kl.: C 08g 17/14, 17/02 u. 53/16. 14 Anspr. A.-Z.: 686740. A.-Z.: 346125 vgl. auch USP 3356631. Entspr. FrP 1428151 u. GBP 1103774.

GBP 1165706. Herstellung von Polyamid. Inh.: Imperial Chemical Industries Ltd. A. 28. 9. 65, B. 1. 10. 69. Kl.: C 3. R, Int. Kl.: C 08g 20/00. A.-Z.: 41200/65. Entspr. FrP 1500414.

DOS 1520417. Verfahren zur Herstellung von Polyamiden. Erf.: *Jan van Bergeijk.* Anm.: N. V. Onderzoekingsinstituut Research, Arnheim (Nd). A. 21. 2. 63, O. 22. 5. 69. Kl.: 39b5, 20/02. A.-Z.: P 1520417 (N 22788). Prior.: 21. 3. 62 (Nd; A.-Z.: 276218). Entspr. GBP 986506 u. USP 3450679.

DOS 1495764. Verfahren zur Herstellung kristallisierter alkalischer Katalysatoren für die Polymerisation von β-Lactamen. Erf.: *Erwin Schmidt* u. *Claus Beermann.* Anm.: Farbwerke Hoechst AG vorm. Meister Lucius & Brüning, 6230 Frankfurt-Höchst. A. 14. 12. 63, O. 29. 5. 69. Kl.: 39b5, 20/10. A.-Z.: P 1495764 (F 41543).

DOS 1495794. Verfahren zur Herstellung von Copoly-β-amiden. Erf.: *Walter Rupp,* Anm.: Farbwerke Hoechst AG vorm. Meister Lucius & Brüning, 6230 Frankfurt-Höchst. A. 18. 4. 64, O. 29. 5. 69. Kl.: 39b5, 20/10. A.-Z.: P 1495794 (F 42652). Entspr. FrP 1432969, GBP 1092195 u. USP 3438947.

DAS 1300271. Verfahren zur Herstellung von Copolyamiden. Erf.: *Akira Okada.* Anm.: Kogyo Gijutsuin, Tokio. A. 29. 11. 62, B. 31. 7. 69. Kl.: 39b5, 20/30, (39b5, 25/00). A.-Z.: P 1300271 (K 48325).

USP 3454534. Herstellung von Polyamid mit Polyalkylenglykoldiamin als Zusatz. Erf.: *Lawrence W. Crovatt jr.* Inh.: Monsanto Co., St. Louis, Mo. A. 12. 8. 64, B. 8. 7. 69. Kl.: 260-78, Int. Kl.: C 08g 20/24 z. 20/20. 4 Anspr. A.-Z.: 389213. Entspr. SzP 444482, FrP 1459873 u. GBP 1062547.

DOS 1495800. Verfahren zur Herstellung von Polyätheresteramiden. Erf.: *Robert Schnegg, Herbert Pelousek* u. *Robert Dippelhofer.* Anm.: Farbenfabriken Bayer AG, 5090 Leverkusen. A. 13. 5. 64, O. 29. 5. 69. Kl.: 39b5, 20/ 30. A.-Z.: P 1495800 (F 42865). Entspr. FrP 1433846, GBP 1108695 u. USP 3363027.

DAS 1298713. Verfahren zum Herstellen von kolloidalen Lösungen von oxalkylierten Polyamiden in Wasser. Erf.: *Erich Dreher, Wilhelm Münster* u. *Wilhelm Rümens.* Anm.: Badische Anilin- & Soda-Fabrik AG, 6700 Ludwigshafen. A. 24. 7. 63, B. 3. 7. 69. Kl.: 39b5, 20/38 (8k, 1/40). A.-Z.: P 1298713 (B 72814). Entspr. SzP 433719, FrP 1403360 u. GBP 1063629.

DAS 1300273. Verfahren zur Herstellung von Verbindungen aus Polyisocyanaten und Polyhydroxylverbindungen unter Verwendung von wasserhaltigen organischen Lösungsmitteln. Erf.: *Dieter Dietrich.* Anm.: Farbenfabriken Bayer AG, 5090 Leverkusen. A. 19. 9. 63, B. 31. 7. 69. Kl.: 39b5, 22/04. A.-Z.: P 1300273 (F 40800). Entspr. FrP 1410505 u. GBP 1071425.

SUP 251199 (Urheberschein). Verfahren zur Herstellung von Polyurethanen. Erf.: *U. K. Stirna, R. Ja. Pernikis, Ja. A. Surna* u. *B. K. Apsite.* Anm. Institut Chimii Drevesiny AN Latvijskoj SSR. A. 29. 5. 67, B. 26. 8. 69. Kl.: 39c, 6. A.-Z.: 1160345/23-5.

DAS 1300297. Verfahren zur Herstellung von polymeren organischen, gegebenenfalls siliciumhaltigen Bor-Stickstoff-Verbindungen. Erf.: *Elmar-Manfred Horn* u. *Hans Niederprüm.* Anm.: Farbenfabriken Bayer AG, 5090 Leverkusen. A. 8. 2. 64, B. 31. 7. 69. Kl.: 39b5, 33/18. A.-Z.: P 1300297 (F 41970). Entspr. FrP 1433410 u. GBP 1049211.

SzP 478875. Verfahren zur Pigmentierung von Nylon. Erf.: *Wolfgang Griehl* u. *Bernhard Stoll.* Inh.: Inventa AG für Forschung und Patentverwertung, Zürich, Stampfenbachstr. 38, Zürich. A. 6. 7. 67. Int. Kl.: C 08g 53/04. A.-Z.: 9599/67. Entspr. FrP 1571889.

DOS 1494026. Trägersubstanz für Pigmentfarbstoffe zum Färben von plastischen Massen. Erf.: *Josef Weißert, Viktor Schönbach* u. *Ferdinand Memmel.* Anm.: Farbwerke Hoechst AG vorm. Meister Lucius & Brüning, 6230 Frankfurt-Höchst. A. 4. 1. 62, O. 30. 4. 69. Kl.: 39b7, 1/10. A.-Z.: P 1494026 (F 35709). Entspr. SzP 386112, FrP 82883 u. GBP 1029991.

Klasse 42k, 50. Textilprüfung. Verfahren, Vorrichtungen und Maschinen zum Prüfen von Fasern, Fäden, Garnen, Geweben auf ihre mechanischen und Festigkeitseigenschaften, auf Spannungen, mechanische Unregelmäßigkeiten, Drall (Drehung), Porosität

SUP 249740 (Urheberschein). Gerät zur Messung der Fadenungleichmäßigkeit. Erf.: *P. I. Sevast'janov.* Anm.: Uzbekskij naučno-issledovatel'skij Institut šelkovok Promyšlennosti. A. 28. 3. 68, B. 5. 4. 69. Kl.: 42k, 50. A.-Z.: 1143821/28-12.

SUP 249742 (Urheberschein). Obere Klemme für eine Zugprüfmaschine, die für die Bestimmung der für das Herausziehen des Flors aus dem Untergewebe notwendigen Zugkraft angewandt wird. Erf.: *E. N. Beršev* u. *G. P. Smirnov.* A. 25. 4. 68, B. 5. 4. 69. Kl.: 42k, 50 (34e, 12/01). A.-Z.: 1235042/28-12.

SUP 250534 (Urheberschein). Verfahren zur Untersuchung der inneren Struktur von Fasermaterialien. Erf.: *M. I. Sucharev,* u. *N. N. Zidra.* Anm.: Leningradskij Institut tekstil'noj i legkoj Promyšlennosti Im. S. M. Kirova. A. 5. 2. 68, B. 12. 8. 69. Kl.: 42k, 50. A.-Z.: 1214325/28-12.

SUP 251238 (Urheberschein). Vorrichtung zur Messung des Drucks straff gezogener Strümpfe und Socken auf das Bein. Erf.: *N. V. Tomilova* u. *S. M. Matycin.* Anm.: Leningradskij Institut tekstil'noj i legkoj Promyšlennosti Im. S. M. Kirova. A. 7. 6. 68, B. 26. 8. 69. Kl.: 42k, 50 (25a, 29). A.-Z.: 1245591/28-12.

Klasse 42k, 52. Papierprüfung.

DDP 69226. Verfahren zur kontinuierlichen Messung der Harzaufnahme kunstharzgetränkter Papiere, Vliese oder Gewebe. Erf. u. Inh.: *Peter Böhme* u. *Siegmar Dammer,* Dresden. A. 4. 4. 68, B. 5. 10. 69. Kl.: 42k, 52. A.-Z.: WP 42k/131269.

Klasse 47k. Allgemein anwendbare Verfahren und Vorrichtungen zum Bewegen, Führen und Speichern, z. B. Wickeln von faden-, draht-, seil-, kabel-, schlauch-, band- oder bahnförmigem Gut (teilweise)

JaP 10013/69. Aufwickeln eines synthetischen Fadens. Inh.: Toyo Rayon Co., Ltd. A. 17. 11. 66, B. 10. 5. 69. Kl.: 42A. A.-Z.: 75613/66.

DOS 1474231. Automatische Spulmaschine. Erf.: *Werner Walter Lütcke.* Anm.: *Werner Walter Lütcke,* 4030 Ratingen. A. 16. 1. 64, O. 22. 5. 69. Kl.: 47k, 5/10. A.-Z.: P 1474231 (L 46796).

Klasse 55b. Verfahren zur Herstellung von Zellstoff, Zellstoffkocher, Wiedergewinnung der Ablauge und Abgase

DAS 1299517. Verfahren zur Herstellung von abgebauten kristallinen Cellulosen. Erf. u. Anm.: *Theodor Nikolaus Kleinert,* Pointe Claire (Ca). A. 22. 10. 64, B. 17. 7. 69. Kl.: 55b, 1/10. A.-Z.: P 1299517 (K 54327). Prior.: 25. 10. 63 (Ca; A.-Z.: 887648). Entspr. USP 3255071.

DAS 1298874 Zus. z. Pat. 1264233. Verfahren zur Herstellung von Zellstoff aus Holz. Erf.: *Arthur Raymond Sloman.* Anm.: Associated Pulp and Paper Mills Ltd., Melbourne, Victoria (Au). A. 2. 3. 61, B. 3. 7. 69. Kl.: 55b, 2/10. A.-Z.: P 1298874 (A 36647). Prior.: 8. 2. 60 (Au).

DOS 1517236. Verfahren und Vorrichtung zur Rückgewinnung von Schwefeldioxyd aus Ablaugen von Aufschlußverfahren mit Sulfiten und/oder Bisulfiten. Erf.: *Friedrich Baetke.* Anm.: Zellstofffabrik Waldhof, 6800 Mannheim-Waldhof. A. 9. 10. 65, O. 22. 5. 69. Kl.: 55b, 3/40. A.-Z.: P 1517236 (Z 11802).

DDP 69050. Verfahren zum weitgehenden Abtrennen von schwer abtrennbaren leichten Feststoffbestandteilen aus einer Fasergutsuspension durch Zyklonabscheidung. Erf.: *Nils Roland Grundelius* u. *Nils Knut Gabriel Ahlborg.* Inh.: Nils Anders Lennart Wikdahl, Djursholm (Sv). A. 30. 11. 67, B. 20. 9. 69. Kl.: 55b, 5/01. A.-Z.: AP 55b/128656.

Klasse 55c. Bleichen, Leimen, Färben, Füllen, Beschweren von Papierstoff und Zellstoff, Holländer, Stoffmühlen, Zellstoffaufschließer (teilweise)

SUP 250662 (Urheberschein). Verfahren zur Reinigung von Cellulose- und ähnlichen Fasermassen. Erf.: *G. P. Dojčenko, I. T. Prilipko* u. *M. Z. Fridman.* A. 17. 3. 60, B. 12. 8. 69. Kl.: 55c, 1. A.-Z.: 659174/29-33.

Literaturschau

Auszug aus Lieferung 7 und 8/1970 der Referatekartei „Faserstoffe und Textiltechnik", zusammengestellt von der Abteilung Wissenschaftliches Berichtswesen des Instituts für Faserstoff-Forschung der DAW, 153 Teltow-Seehof, Kantstr. 55

I. Wissenschaftliche Grundlagen

Allgemeines

(Untersuchungsmethoden u. a.)

Krutogolov, V. D., Ivanov, P. A.: Transportable Rotationsviskosimeter. Zavodsk. Labor., Moskva (Betriebslabor) **35** (1969) 12, S. 1507–1508.

Nitisinskaja, A. I., Bulanova, T. P.: Photokolorimetrische Bestimmung geringer Acetonmengen. Chim. Volokna (Chem. Fasern) (1970) 1, S. 68 bis 69.

Henrici-Olivé, G., Olivé, S.: Ionische und radikalische Spaltung von C–Cl-Bindungen in aliphatischen Chlorkohlenwasserstoffen. Makromol. Chemie **129** (1969) S. 285–288.

Physik und Chemie der Hochpolymeren

Sanchez, I. C., von Frankenberg, C.: Die korrelierte Kette. Ein statistisches Modell für Makromoleküle. Macromolecules, Washington **2** (1969) 6, S. 666–671.

Bondareva, N. S., Rostovskij, E. N.: Anwendung der Arbuzovschen Umlagerung auf chlorsubstituierte Copolymere. Z. prikl. Chimii (Z. angew. Chemie) **43** (1970) 1, S. 215–217.

Tosi, C., Allegra, G.: Die Anwendung von Matrizen für eine vollständige Beschreibung der Copolymeren. Makromol. Chemie **129** (1969) S. 275 bis 284. (engl.).

Bueche, F.: Viskosität von verschlungenen Polymeren. Theorie zur Schubgeschwindigkeitsabhängigkeit. J. chem. Physics **48** (1968) 10, S. 4781 bis 4784.

Carraher, Ch. E., jr., Brandt, Th. W.: Die Bestimmung der Verteilung der relativen Molekülmasse von Polymerproben. Makromol. Chemie **130** (1969) S. 166–176. (engl.)

Belov, G. P., Lisickaja, A. P., Solov'eva, T. I., Čirkov, N. M.: (Schreibw. i. Orig.: Lisitskaya, A. P., Solovyeva, T. I., Chirkov, N. M.) Untersuchung der Verteilung der relativen Molekülmasse von Polyolefinen. European Polymer J. **6** (1970) 1, S. 29–40.

Scholte, Th. G.: Bestimmung der Verteilung der relativen Molekülmasse von Polymeren aus dem Gleichgewicht in der Ultrazentrifuge. European Polymer J. **6** (1970) 1, S. 51–56.

Kostanjan, G. G., Dadajan, A. A., Safarjan, G. E.: Polarographisches Verfahren zur Bestimmung der relativen Molekülmasse von Celluloseacetat. Chim. Volokna (Chem. Fasern) (1970) 1, S. 39–41.

Chantrey, G., Rattee, I. D.: Untersuchung der Diffusion von Chloridionen in Polyamid-6-Filme durch radioaktive Markierung. J. Soc. Dyers Colourists 85 (1969) 12, S. 618–620.

Bender, G. W., LeGrand, D. G., Gaines, Gl L., jr.: Abhängigkeit der Oberflächenspannung und des Brechungsindex von der relativen Molekülmasse. Macromolecules, Washington 2 (1969) 6, S. 681–682.

Kulikova, N. P., Rostovceva, S. A., Konchin, Ju. A.: Absorptionsspektren von Acrylnitril/Vinylsulfofluorid-Copolymeren. Z. prikl. Chimii (Z. angew. Chemie) 42 (1969) 12, S. 2787–2792.

Heidemann, G.: IR-spektroskopischer Nachweis einer Kern-Mantel-Struktur bei Polyamiden. Chemiefasern 20 (1970) 3, S. 204–209.

Vargová, Č.: Einfluß der Bedingungen der Vorhydrolyse und des Sulfataufschlusses auf die IR-Kristallinität der Cellulose. Sborník Vyskum. Prác Odboru Pap. Celulózy (Samml. Forsch.-Arb. Pypier-Zellstoffind.) (1969) S. 129–132. In: Papir a Celulóza, Praha 24 (1969) 11/12.

Urman, Ja. G., Chramova, T. S., Gorbunova, V. G., Barstejn, R. S., Slonim, I. Ja.: NMR-Untersuchung von Polyester-Weichmachern. Identifizierung der Struktur und Bestimmung der relativen Molekülmasse. Vysokomol. Soed. (Hochmol. Verbind.) Serie A 12 (1970) 1, S. 160–164.

Heatley, F., Zambelli, A.: Kernmagnetische Resonanzspektroskopie von Polymeren. XVII. Tetradenresonanzen bei Polypropylen. Macromolecules, Washington 2 (1969) 6, S. 618–619.

Dautzenberg, H.: Lichtstreuung an mäßig konzentrierten Polystyrollösungen. Teil I: Einfluß der relativen Molekülmasse. Faserforsch. u. Textiltechnik 21 (1970) 3, S. 117–124.

Gensrich, H. J., Gröbe, A.: Elektronenmikroskopische Untersuchungen an Ultradünnschnitten von Celluloseregeneratfäden. Teil IV. Die Struktur von Gelfäden, ersponnen in Lösungen aus Schwefelsäure und Natriumsulfat. Faserforsch. u. Textiltechnik 21 (1970) 4, S. 163–172.

Bezruk, L. I., Lipatov, Ju. S., Ivaščenko, V. K., Lipatova, T. E., Pasečnik, Ju. V.: Elektronenmikroskopische und optische Untersuchung der Bruchflächen von amorphen Polymeren. Vysokomol. Soed. (Hochmol. Verbind.) Serie B: Kratkie Soobšč. (Kurzmitt.) 12 (1970) 1, S. 35–37.

Plavnik, G. M., Sinicyna, G. M., Vlodavec, I. N.: Kleinwinkel-Röntgenstreuung der Kondensationsstrukturen von Polyvinylformal im wasserhaltigen Zustand. Kolloid. Ž. Moskva 32 (1970) 1, S. 83–86.

Dondos, A., Benoit, H.: Ungestörte Dimensionen der makromolekularen Ketten in assoziierten Lösungsmitteln. Makromol. Chemie 129 (1969) S. 35–46. (franz.)

Boukal, I.: Die Anwendung der Röntgenbeugung unter mechanischer Beanspruchung zur Untersuchung der Struktur von amorphem Polycarbonat. European Polymer. J. 6 (1970) 1, S. 17–24.

Barabanov, V. P., Centovskij, V. M.: Untersuchung der Struktur der Makromolekülkette bei Copolymeren der α-Chloracrylsäure. Vysokomol. Soed. (Hochmol. Verbind.) Serie B: Kratkie Soobšč. (Kurzmitt.) 12 (1970) 1, S. 92–93.

Nosov, M. P., Michlina, V. V., Pachomova, L. N., Olejnik, V. G.: Byckovskij, N. I.: Einfluß der thermischen Behandlung auf die Struktur hochorientierter Kapronzwirne. Chim. Volokna (Chem. Fasern) (1970) 1, S. 18–21.

Philipp, B., Jacopian, V., Casperson, G.: Chemische und morphologische Untersuchungen zum zeitlichen Verlauf eines Calciumbisulfitaufschlusses von Lärchenholz. Faserforsch. u. Textiltechnik 21 (1970) 4, S. 153–163.

Atachodžaev, I. K., Mann, G., Baranov, V. G., Frenkel, S. Ja.: Dynamik und Morphologie der nichtisothermen Kristallisation von Polymeren in einem mechanischen Dehnungsfeld. Faserforsch. u. Textiltechnik 21 (1970) 4, S. 145–152.

Gröbe, A., Paul, D., Purz, H.-J., Bartsch, D., Gensrich, H.-J., Hicke, H.-G., Ludwig, J., Buschatz, H.: Strukturuntersuchungen an Zelluloseregeneratfasern. Lenzinger Ber., Lenzing/Österr. (1969) 28, S. 31–45.

Miro, P., Erra, P.: Der Einfluß von Natriumhydroxid in Abhängigkeit von der morphologischen Struktur der Wolle. I. Einfluß der Behandlungszeit. Bull. Inst. Textile France 23 (1969) 145, S. 841–848.

Bur, A. J., Roberts, D. E.: Stäbchen oder statistische Knäuel von Poly-n-butylisocyanat in verdünnter Lösung. J. chem. Physics 51 (1969) 1, S. 406–420.

Kausch-Blecken von Schmeling, H. H., Becht, J.: Über Spannungsrelaxation und zeitabhängige elastische Bruchvorgänge in orientierten Fasern. Rheologica Acta, Darmstadt 9 (1970) 1, S. 137–144.

Dzjura, E. A., Janovskij, Ju. G.: Methode zur Untersuchung der dynamischen Eigenschaften von Polymeren im hochelastischen und im glasigen Zustand mit Hilfe eines Torsionspendels. Zavodsk. Labor., Moskva (Betriebslabor) 35 (1969) 12. S. 1485–1489.

Moore, R. S., McSkimin, H. J., Gieniewski, C., Andreatch, P., jr.: Dynamisch-mechanische Eigenschaften von Polystyrollösungen von 23 bis 300 MHz. J. chem. Physics 50 (1969) 12, S. 5068–5100.

Arranaga, A. B.: Kennwerte für die Reibungsverminderung von faserartigen fasrigen und kolloidalen Substanzen. Nature, London 225 (1970) 5231, S. 447–449.

Chazanova, A. S., Finger, G. G., Mogilevskij, E. M.: Über die Strukturbesonderheiten von nach verschiedenen Verfahren ersponnenen Viskosefeinseiden. Chim. Volokna (Chem. Fasern) (1970) 1, S. 30–32.

Felcánová, A., Oltus, E., Valček, F., Discantiny, P.: Untersuchung der Faserstruktur von Buchensulfatzellstoffen. I. Sborník Výskum. Prác Odboru Pap. Celulózy (Samml. Forsch.-Arb. Papier-Zellstoffind.) (1969) S. 151–160. In: Papir a Celulóza. Praha 24 (1969) 11/12.

Reinisch, G., Ulrich, H.-H.: Zur Reaktion von Polycaprolactam mit Formaldehyd. Teil II. Analytische Bestimmung der Hydroxymethyl- und Methylensubstitution. Faserforsch. u. Textiltechnik 21 (1970) 3, S. 101 bis 105.

Philipp, B., Alsleben, H.: Über Symplexe von Cellulosederivaten. V. Mitt.: Untersuchungen zur Leitfähigkeitstitration anionischer Cellulosederivate mit polymeren Aminen. Faserforsch. u. Textiltechnik 21 (1970) 3, S. 110 bis 116.

Gorbačeva, V. O., Djurnbaum, V. S., Ievleva, N. K., Chochlova, N. S.: Über einige Eigenschaften der Faserstoffe auf der Basis von Äthylenterephthalat/Äthylenoxyisophthalat-Copolykondensaten. Chim. Volokna (Chem. Fasern) (1970) 1, S. 9–11.

Aboul-Seoud, A.: Die Benetzungswärme von Cellulose in Wasser und Methanol. Faserforsch. u. Textiltechnik 21 (1970) 4, S. 173–176.

Chee, K. K., Rudin, A.: Bestimmung des spezifischen Volumens von Polymerschmelzen. IEC. Ind. engng. Chem./Fundamentals 9 (1970) 1, S. 177 bis 179.

Kumpanenko, R. N., Kovtun, T. S., Varšavskaja, A. I., Karmilova, L. V., Enikolopjan, N. S.: Über einige Besonderheiten des thermischen und des chemischen (sauren) Abbaues von Poly-1,3-dioxolan. Vysokomol. Soed. (Hochmol. Verbind.) Serie A 12 (1970) S. 229–242.

Pudov, V. S., Bučačenko, A. L.: Radikalvorgänge bei Abbau und Stabilisierung von festen Polymeren. Usp. Chimii (Fortschr. d. Chemie) 39 (1970) 1, S. 130–157.

Stockmayer, W. H., Burke, J. J.: Dielektrische Dispersion in verzweigten Polypropylenoxiden. Macromolecules, Washington 2 (1969) 6, S. 647–650.

Kovylov, A. E., Lavrov, I. S.: Über das Verhalten wäßriger Suspensionen von Polyacrylnitril im elektrischen Wechselfeld. Kolloid. Ž., Moskva 32 (1970) 1, D. 63–66.

Klinšpont, E. R., Milinčuk, V. K., Pšeżeckij, S. Ja.: Photoinduzierte Umwandlungen von freien Radikalen in Polymeren. Peroxydische Radikale im Polypropylen. Vysokomol. Soed. (Hochmol. Verbind.) Serie B: Kratkie Soobšč. (Kurzmitt.) 12 (9170) 1, S. 88–91.

Mächtle, W.: Untersuchungen an hochverdünnten Lösungen von einigen statistischen Copolymeren. Angew. makromol. Chemie, Basel 10 (1970) S. 1–19.

Bogaevskaja, T. A., Gatovskaja, T. V., Kargin, V. A.: Sorptionseigenschaften eines kristallinen Polyesters und von Polyamiden in einem breiten Temperaturbereich. Vysokomol. Soed. (Hochmol. Verbind.) Serie A 12 (1970) 1, S. 243–247.

Florián, Š., Lath, D., Durdovič, V.: Fraktion eines Propylen/Styrol-Pfropfcopolymeren. Angew. makromol. Chemie, Basel 10 (1970) S. 189–196. (engl.)

Lániková, J., Hloušek, M.: Beitrag zur Fraktionierung von isotektischem Polypropylen. European Polymer J. 6 (1970) 1, S. 25–28.

Juraničová, V., Florián, Š., Berek, D.: Auswahl von Lösungsmittel/Fällungsmittel-Systemen für die Fraktionierung von Copolymeren. European Polymer J. 6 (1970) 1, S. 57–62.

Kaufmann, G.: Das Verhalten organischer Pigmente in Polymeren. Angew. makromol. Chemie, Basel 10 (1970) S. 83–96.

Čuchadžjan, G. A., Kalajdžjan, A. E., Petrosjan, V. A.: Polymeranaloge Umwandlungen von Poly-α-chloracrylnitril. Vysokomol. Soed. (Hochmol. Verbind.) Serie A 12 (1970) 1, S. 171–176.

Fukutomi, T., Kakurai, T., Noguchi, T.: End-End-Reaktionen von Polymeren. Kobunshi Kagaku, Tokyo (Chem. High Polymers) 26 (1969) 293, S. 625–630. (jap., engl. Zusammenfass.)

Petropavlovskij, G. A., Vasil'eva, G. G., Rachmanberdiev, G.: Umsetzung von Dimethylolharnstoff mit wasserlöslichem Celluloseacetat. Z. prikl. Chimii (Z. angew. Chemie) 42 (1969) 12, S. 2813–2819.

Klenkova, N. I., Matveeva, N. A., Kulakova, O. M., Volkova, L. A.: Ergänzende Angaben zur Aktivierung der Cellulose mit Aminen. Ž. prikl. Chemii (Z. angew. Chemie) 42 (1969) 12, S. 2806–2813.

Bikson, B. R., Frejmanis, Ja. F.: Über die Ursachen der Verfärbung bei aromatischen Polyimiden. Vysokomol. Soed. (Hochmol. Verbind.) Serie A 12 (1970) 1, S. 69–73.

Physik und Chemie der Monomeren und Oligomeren

Frunze, T. M., Sacharova, A. A., Ljubimskaja, R. A., Ponkratova, T. M.: Neue mono- und bifunktionelle Monomere für die Polymerisation. Izv. Akad. Nauk SSSR, Serija chim. (Nachr. Akad. Wiss. UdSSR, Chemie) (1970) 1, S. 182–183.

Backus, P. F.: Enttritylierungs- und Umtritylierungsreaktionen. Usp. Chimii (Fortschr. d. Chemie) 39 (1970) 1, S. 112–129.

Machlina, L. S., Čemodanova, T. P., Kostrjukova, V. A., Levčenko, V. F.: Ultraschall-Überwachungsmethode der Herstellung von Diäthylolterephthalat. Chim. Volokna (Chem. Fasern) (1970) 1, S. 74.

Polymerisation

Predvoditelev, D. A., Bujanova, V. K., Konkin, A. A.: Synthese von arsenhaltigen Celluloseestern. Vysokomol. Soed. (Hochmol. Verbind.) Serie B: Kratkie Soobšč. (Kurzmitt.) 12 (1970) 1, S. 74–77.

Fogiel, A. W.: Effektive Funktionalität und zwischenmolekulare Reaktionen von Polyisocyanaten und mehrwertigen Alkoholen. Macromolecules, Washington 2 (1969) 6, S. 581–587.

Biały, J.: Zweistufige oxydative Polymerisation von 2,6-Xylenol unter Bildung eines hochmolekularen Polyphenylenoxids. Synthese von Oligomeren. Teil II. Relative Aktivitäten von Phenol, Kresolen und Xylenolen. Polimery, Warszawa 14 (1969) 11, S. 535–538.

Vinogradova, S. V., Salazkin, S. N., Koršak, V. V., Čelidze, G. S., Slonimskij, G. L., Askadskij, A. A., Mželpskij, A. A.: Synthese und Eigenschaften von Polymethylidenphthalid. Vysokomol. Soed. (Hochmol. Verbind.) Serie A 12 (1970) 1, S. 205–213.

Kolesnikov, G. S., Fedotova, O. Ja., Doneckij, I. A., Fokina, L. T.: Synthese und Untersuchung von arylaliphatischen Polyamiden mit Ätherbindung in Kettengliedern. Vysokomol. Soed. (Hochmol. Verbind.) Serie A 12 (1970) 1, S. 106–119.

Beck, H., Plümer, F.: Strahlungspolymerisation von Acrylnitril mit schnellen Elektronen in einer Umlaufapparatur. Plaste u. Kautschuk 17 (1970) 2, S. 80–84.

Lindeman, J., Czarczyńska, H.: Pfropfung von Styrol auf Polyäthylenfolie in Gegenwart peroxydischer Initiatoren. Polimery, Warszawa 14 (1969) 12, S. 601–603.

Balabudkin, M. A., Baram, A. A.: Über die Extrahierungskinetik des komplexen Katalysators mit Wasser aus Polyäthylendispersionen. Ž. prikl. Chimii (Z. angew. Chemie) 34 (1970) 1, S. 176–177.

Kuznecov, Ju. A., Goleniščeva, S. A., Klubikova, L. E., Klimova, O. M.: Initiierung der Polymerisation einiger Vinylmonomerer mit wäßrigen Vinylencarbonatlösungen. Ž. prikl. Chimii (Z. angew. Chemie) 43 (1970) 1, S. 141–144.

Juržенko, A. I., Andor, I. A.: Untersuchung kolloid-chemischer Faktoren bei der Polymerisation von Vinylmonomeren. Einfluß der Konzentration und des Neutralisationsgrades von Polymethacrylsäure auf die Stabilisierung der Makroemulsionen des Styrols. Kolloid. Ž., Moskva 32 (1970) 1, S. 130–136.

Makoveckaja, K. N., Beresner, V. N., Smirnov, N. I.: Bestimmung optimaler Bedingungen bei der Emulsionspolymerisation von Styrol. Ž. prikl. Chimii (Z. angew. Chemie) 43 (1970) 1, S. 126–131.

Lorenz, G., Gallus, M., Giessler, W., Bodesheim, F., Wieden, H., Nischk, G. E.: Ringschlußreaktionen an aromatischen Polymeren. Makromol. Chemie **139** (1969) S. 65–89.
van Beylen, M., Fisher, M., Smid, J., Szwarc, M.: Kinetische Untersuchungen der anionischen Polymerisation von Polystyrylsalzen in Tetrahydropyran und 2-Methyltetrahydrofuran. Macromolecules, Washington **2** (1969) 6, S. 575–580.
Fedorova, G. B., Dolgopol'skij, I. M.: Synthese und Charakteristiken einiger Perfluoralkylentriazin-Polymeren. Vysokomol. Soed. (Hochmol. Verbind.) Serie B: Kratkie Soobšč. (Kurzmitt.) **12** (1970) 1, S. 14–16.
Berlin, A. M.: Polychinoxaline. Usp. Chimii (Fortschr. d. Chemie) **39** (1970) 1, S. 158–167.

Sonderfragen

Craubner, H.: Kapillarkalibrierung mit Silopren-Abgüssen. Rheologica Acta, Darmstadt **9** (1970) 1, S. 61–68.
Ebel, H. F.: Struktur und Reaktivität von Carbanionen und carbanionoiden Verbindungen. Fortschr. chem. Forsch. **12** (1969) 3, S. 387–439.
Borovskaja, A. V., Sikanova, I. S., Korčagin, M. V.: Hydrolyse der Reaktivfarbstoffe. Izv. vysšich uč. Zav. Technol. tekstil. Prom. (Hochschulnachr. Technol. Textil-Ind.) (1969) 5, S. 87–91.

II. Faserstoffe. Ausgangsstoffe usw.

Naturfaserstoffe

Tierische Faserstoffe

Toleranzen chemischer Werte bei gewaschenen und karbonisierten Wollen. Textilindustrie, Mönchengladbach **72** (1970) 3, S. 190.
Die Wollforschung im Dienst der Industrie. Ind. textile, Paris (1969) 984, S. 669–670.

Chemiefaserstoffe

Cellulose und Zellstoff

Enderst, V., Brabec, J., Strenger, J.: Herstellung von Sulfitzellstoff aus Laubholzarten nach dem Calciumbisulfitverfahren. Papir a Celuloza, Praha **25** (1970) 1, S. 7–11.
Kleppe, P. J.: Herstellung von Kraftzellstoffen. Tappi, New York **53** (1970) 1, S. 35–47.
Brjuzgina, T. S., Akim, L. E.: Einfluß der Bedingungen des Vorhydrolyse-Sulfataufschlusses von Pappelholz auf die Qualitätskennwerte des ungebleichten Zellstoffs. Ž. prikl. Chimii (Z. angew. Chemie) **42** (1969) 12, S. 2802–2806.
Kleinert, Th. N.: Alkalische Heißreinigung von Cellulosematerialien. UV-Absorption der Kochlaugen. Papier **24** (1970) 2, S. 73–84.

Regeneratfaserstoffe

Jašunskaja, A. G., Konovalova, E. M., Mogilevskij, E. M., Sadovnikova, V. V.: Viskosen und Viskosefaserstoffe aus niedrigsubstituierter Carboxymethylcellulose. Chim. Volokna (Chem. Fasern) (1970) 1, S. 24–27.
Uchanova, Z. V., Prozorova, G. E., Antipova, R. V., Papkov, S. P.: Über die Primärstadien beim Erspinnen von Viskosefäden. Chim. Volokna (Chem. Fasern) (1970) 1, S. 32–34.
Serkov, A. T., Kosjačenko, L. N.: Einfluß der Spinngeschwindigkeit auf die in Viskosefäden ablaufenden Diffusionsprozesse. Chim. Volokna (Chem. Fasern) (1970) 1, S. 27–30.
Simon, E., Hansen, H.: Eine neue, dehnungsarme Viskosefaser und deren Verspinnung. Melliand Textilber. **51** (1970) 3, S. 251–255.

Synthetische Faserstoffe

Djurnbaum, V. S., Bogdanov, M. N.: Hochschrumpfende Fäden auf der Basis von Dimethylterephthalat/Dimethyl-5-oxyisophthalat-Copolyestern. Chim. Volokna (Chem. Fasern) (1970) 1, S. 63.
Levnaic, N.: Welches Verfahren und welche Rohstoffe wollen zur Herstellung von Polyesterfaserstoff gewählt werden? Hemijska Vlakna, Loznica/Jugoslaw. (Chem. Fasern) **9** (1969) 3, S. 9–11.
Perepelkin, K. E., Podosenov, V. V., Konkin, A. A.: Herstellung von Fäden aus Polymerschmelzen ohne Spinndüse. Chim. Volokna (Chem. Fasern) (1970) 1, S. 11–13.
Pamm, G.: Technische Fortschritte in der Entwicklung synthetischer Fasern für Teppiche. Lenzinger Ber., Lenzing/Österr. (1969) 28, S. 88 bis 100.

Künstliche mineralische Faserstoffe

Kaziner, G. D., Ignat'ev, O. A., Šarlega, D. I.: Optimale Herstellungs- und Verarbeitungsbedingungen für umwickelte Gummifäden. Tekstil. Prom., Moskva (Textil-Ind.) **30** (1970) 1, S. 44–47.
Celanese wird Faser/Kunstharz-Bänder herstellen. Chem. engng. News **48** (1970) 5, S. 7.
Logsdail, D. H.: Gesichtspunkte der Entwicklung von Kohlenstoff-Fäden bei AERE, Harwell). Appl. Polymer Symposia (1969) 9, S. 245–254.
Die Fasern aus Kohlenstoff und aus Graphit. Bull. Inst. Textile France **23** (1969) 145, S. 863–878.
Ezekiel, H. M.: Graphitfäden aus einer aromatischen Polyamidseide. Appl. Polymer Symposia (1969) 9, S. 315–324.
Yamada, S., Yamamoto, M.: Herstellung von hochisotropen Kohlenstoff-Fäden. Appl. Polymer Symposia (1969) 9, S. 339–364.
Brydges, W. T., Badami, D. V., Joiner, J. C., Jones, G. A.: Die Struktur und elastischen Eigenschaften von Kohlenstoff-Fäden. Appl. Polymer Symposia (1969) 9, S. 255–261.

Ausgangsstoffe. Schaumstoffe. Kautschuk

Hochtemperaturbeständige Kunststoffe im Vergleich. Kunststoff-Berater **15** (1970) 2, S. 117–120.
Boiangiu, T.: Strangpressen von Polypropylenfolien mit Übernahme auf gekühlte Walzen. Materiale plast., Bucureşti **6** (1969) 5, S. 288–290.

III. Fäden-Herstellungstechnologien

Spinnerei. Zwirnerei

Spinnereivorbereitung

Mičev, L. K.: Neues Verfahren für die industrielle Strohflachsaufbereitung. Izv. vysšich uč. Zav. Technol. tekstil. Prom. (Hochschulnachr. Technol. Textil-Ind.) (1969) 5, S. 139.
Ešonov, M. S., Kan, V. S., Dzabarov, G. D., Baltabaev, S. D.: Über den Einfluß des Spaltens zwischen den Roststäben auf die Produktivität und die Faserqualität beim Egrenieren. Izv. vysšich uč. Zav. Technol. tekstil. Prom. (Hochschulnachr. Technol. Textil-Ind.) (1969) S. 27–31.
Zaderij, G. N.: Einige Entwicklungstendenzen bei den modernen Karden. Tekstil. Prom., Moskva (Textil-Ind.) **30** (1970) 1, S. 22–23.

Spinnerei

Volota, A.: Futurologie der Baumwollspinnerei. Ind. textile, Paris (1969) 984, S. 663–667.
Schwab, R.: Transportprobleme in der Baumwollspinnerei. Textilindustrie, Mönchengladbach **72** (1970) 3, S. 177–189.
Keller, H. A.: Die Verarbeitung von Chemiefasern auf OE-Spinnmaschinen. Lenzinger Ber., Lenzing/Österr. (1969) 28, S. 46–65.

Erzeugnisse der Spinnerei und Zwirnerei

Synthetische Nähgarne. Bekleid. u. Wäsche **22** (1970) 3, S. 205–206.
Kiseleva, T. L.: Erhöhter Flachseinsatz beim Herstellen von Leinen/Lavsan-Garn. Tekstil. Prom. Moskva (Textil-Ind.) **29** (1969) 11, S. 22–24.

Texturfäden

Die Texturfäden. Ind. textile, Paris (1969) 984, S. 716–728.
Kienert, R.: Stand und Entwicklung der Finalerzeugnisse aus Texturseiden. Bekleid. u. Maschenware **9** (1970) 1, S. 6–9.
Kaplan, V. I., Martinkajtene, R. A.: Zur Kinematik des Fadens beim Texturieren nach dem Falschdrahtverfahren. Tekstil. Prom., Moskva (Textil-Ind.) **29** (1969) 12, S. 22–26.

Kern/Mantel-Fäden

Schrittmacher im Strumpfhosenboom: Wykes, die Herstellerfirma elastischer Fäden. Hosiery Times **42** (1969) 486, S. 69–71.

IV. Flächengebilde-Herstellungstechnologien

Materialvorbereitung

Seidel, L. E.: Texturseidenproduzent erzeugt große konische Garnkörper. Textile Ind. **133** (1969) 12, S. 133–135.
Zubov, M. A.: Einfluß der Fadenführerkonstruktion auf Form und Abmessungen des Ballons beim axialen Abspulen des Fadens. Izv. vysšich uč. Zav. Technol. tekstil. Prom. (Hochschulnachr. Technol. Textil-Ind.) (1969) 5, S. 58–62.
Griese, H., Hobe, S.: Verbesserung des Fadenlaufes beim Zetteln und Schären von Leinengarnen. Teil II. Entwicklung einer verbesserten Fadenbremse für Zettel- und Schäreinrichtungen in der Leinenweberei. Melliand Textilber. **50** (1969) 10, S. 1163–1166, 11, S. 1291–1298.
Bykova, I. V.: Über den Einfluß der Schlichtetemperatur auf die Kettgarnqualität. Izv. vysšich uč. Zav. Technol. tekstil. Prom. (Hochschulnachr. Technol. Textil-Ind.) (1969) 5, S. 63–65.

Weberei

Potjagalov, A. F.: Über zwei Verfahren der Webautomatenbedienung. Tekstil. Prom. Moskva (Textil-Ind.) **29** (1969) 12, S. 31–34.
Hollstein, H.: Über die Kontinueweberei. Ind. textile, Paris (1970) 986, S. 29–32.
Ostapjuk, T. K., Jali, P. I.: Möglichkeiten für eine Senkung der Schußfadenbruchhäufigkeit bei Webautomaten. Tekstil. Prom., Moskva (Textil-Ind.) **29** (1969) 11, S. 35–37.

Weberei-Technologie

Frontczak, I.: Kinetische Erscheinungen in der Zone Geweberand–Schäfte während des Webprozesses. Przegl. włókienn. (Textil-Rdsch.) **23** (1969) 12, S. 598–601.
Emerson, P. D.: Moderne Entwicklung in dreidimensionalen Flächengebilden. Chemiefasern **20** (1970) 3, S. 195–198.
Popovskij, A. U., Zaurov, N. M.: Neue Kettvorbereitungstechnologie für das Herstellen von Geweben mit usbekischen Mustern. Tekstil. Prom. Moskva (Textil-Ind.) **30** (1970) 1, S. 41–42.

Wirkerei und Strickerei. Konfektionstechnik. Sonstige Technologien

Erzeugnisse der Wirkerei und Strickerei

Die Herstellung von Jersey-Strickstoffmeterware. Spinner, Weber, Textilveredlung **88** (1970) 3, S. 236–238. (dt. u. engl.)
Das Warenbahnführen von Maschenwaren in der Ausrüstung. Spinner, Weber, Textilveredlung **88** (1970) 3, S. 261–262 (dt. u. engl.)
Gibson, K. H., Lawson, J. B., Dangel, S. C.: Einsatz der Präzisionsstrickmaschine F. A. K. für die Beurteilung von Texturfäden. Teil 2. Hosiery Trade J. **76** (1969) 912, S. 87–89.

Konfektion

Computer-gesteuertes Zuschneiden des Stoffes in den Vereinigten Staaten. Hosiery Trade J. **76** (1969) 912, S. 113–115.
Kaun, F.: Das Verhalten von Chemiefasern in der Konfektion. Lenzinger Ber., Lenzing/Österr. (1969) 28, S. 112–124.
Stepanova, S. I., Šan'gina, V. F.: Ultraschallschweißen synthetischer Stoffe für Bekleidung. Izv. vysšich uč. Zav. Technol. logkoj Prom. (Hochschulnachr. Technol. Leichtind.) (1969) 6, S. 111–114.
Kozlovský, V., Ježák, J.: Hochfrequenz-Schweißen und dessen Anwendung in der Bekleidungsindustrie. Textil, Praha **25** (1970) 1, S. 13–16.

Textilverbundstoffe

Ehrlich, E.: Entwicklung der Nähwirktechnik in der DDR und in einigen wichtigen Industrieländern der Welt. Dt. Textiltechnik **20** (1970) 3, S. 171–175.

Faserverbundstoffe, Vliesstoffe

Steigerung der Herstellung von Vliesstoffen. Tekstil. Prom., Moskva (Textil-Ind.) **29** (1969) 12, S. 43–44.
Flanagan, G. G.: Die Herstellung endloser Filzbarren. Textile Manuf. **95** (1969) 1140, S. 486–489.
Tichomirov, V. B., Čuprynna, O. I., Ovčinnikova, S. A.: Über den Zusammenhang zwischen Adhäsion und Festigkeit der Klebvliesstoffe. Izv. vysšich uč. Zav. Technol. tekstil. Prom. (Hochschulnachr. Technol. Textil-Ind.) (1969) 5, S. 23–27.

V. Textilveredlung

Symposium über neue Textilveredlungsverfahren. Ind. textile, Paris (1970) 986, S. 35–40.
Dokin, K. A., Dan'šina, M. I., Krupina, G. I., Sladkopevceva, G. E., Šumarina, A. V.: Über das Appretieren von Geweben mit Schutzfärbung. Tekstil. Prom. Moskva (Textil-Ind.) **29** (1969) 11, S. 51–52.
Ward, J. S.: Einige Gesichtspunkte für die Entwicklung von Färbe- und Ausrüstungsverfahren für Teklan. J. Soc. Dyers Colourists **85** (1967) 12, S. 630–638.

Farbstoffe. Textilhilfsmittel

Däuble, M.: Metallkomplexfarbstoffe in der Färberei. Textil-Praxis **25** (1970) 2, S. 114–116.

Bleicherei. Sonstige Vorbehandlungsarbeiten der Textilveredlung

Redoxpotential von Hypochloritlösungen. Przegl. włókienn. (Textil-Rdsch.) **24** (1970) 1, S. 33–36.
Franke, W.: Das spannungsarme Exaktlegen von Schlauchmaschenwaren. Spinner, Weber, Textilveredlung **88** (1970) 3, S. 272, 274. (dt. u. engl.).

Färberei

Möglichkeit des HT-Färbens rohweiß konfektionierter Strickartikel aus synthetischen, vorzugsweise Polyestergarnen. Wirk-. u. Strick.-Technik **20** (1970) 2, S. 75–76.
Blacker, J. G., Patterson, D.: Molekularer Mechanismus des Färbens von Polyester- und Polyamidfaserstoffen mit Dispersionsfarbstoffen. J. Soc. Dyers Colourists **85** (1969) 12, S. 598–605.
Šrámek, J., Týfa, O.: Charakteristik der heutigen Weltpalette der Dispersionsfarbstoffe, die zum Färben von Polyesterfaserstoffen zweckmäßig sind. II. Teil. Entwicklung der Chemie der Dispersionsfarbstoffe. Textil. Praha **25** (1970) 1, S. 8–10.
Morton, N. G., Kracht, M. E.: Entwicklung moderner Verfahren zum Färben von Polyacrylnitrilfaserstoffen. J. Soc. Dyers Colourists **85** (1969) 12, S. 639–645.
Dečeva, R., Chardalov, I.: Färben von Polyacrylnitrilfaserstoffen in Gegenwart von Retardiermitteln. Tekstil. Prom., Sofija (Textil-Ind.) **18** (1969) 10, S. 11–14.

Druckerei

Die Indigosolfarbstoffe in der Druckerei. Ind. textile, Paris (1970) 986, S. 51 bis 56.
Das Bedrucken von Teppichen aus Propylenfaserstoffen. Ind. textile, Paris (1970) 986, S. 57–59.
Neues, elektronisches Verfahren für den Textildruck. Melliand Textilber. **51** (1970) 3, S. 335.

Ausrüstung. Trocknung

Das Bewickeln von Färbebäumen mit Maschenware. Spinner, Weber, Textilveredlung **88** (1970) 3, S. 252–255. (dt. u. engl.)
Hofstetter, H. H.: Die Anwendung organischer Lösungsmittel in der Textilveredlung. V. Mitteilung: Literatur über die Anwendungsmöglichkeiten organischer Lösungsmittel in der Ausrüstung und Färberei von Synthetics. Melliand Textilber. **51** (1970) 3, S. 336–344.
Alkalibehandlung erhöht Festigkeit von Baumwollfäden. Textile Month (1969) 10, S. 82.
Vol'f, L., Besprozvannych, A., Podlesskaja, N., Klimenko, I., Šelkunov, N., Gračev, K.: Modifizierung von Polyvinylchloridfäden mit Alkylchlorsilanen. Chim. Volokna (Chem. Fasern) (1970) 1, S. 76–77.
Pfeifer, H.: Methoden zur Erzeugung flammgeschützter Textilien. Lenzinger Ber., Lenzing/Österr. (1969) 28, S. 138–150.

Wäscherei. Chemische Reinigung

Braungart, J.: Der Waschgutanfall in Privathaushalten der DDR. Textilreinigung, Leipzig **17** (1970) 3, S. 71–74.
Meiser, G.: Einige Probleme auf dem Gebiet der Detachur. Textilreinigung, Leipzig **17** (1970) 3, S. 84–86.
Flach, E.: Verfahrensbedingte Schäden in der Chemischreinigung. Textilreinigung, Leipzig **17** (1970) 3, S. 81–83.
Albrecht, R.: Permanent-Preß-Hosen in der Chemischreinigung. Chemischreiniger u. Färber/Färber-Ztg. **23** (1970) 2, S. 60–62.
Berufskleidung in der „Hot Box". Bekleid. u. Wäsche **22** (1970) 5, S. 336, 338, 340, 342, 344.
Schuy, G.: Prämienlohn im Klein- und Mittelbetrieb der Chemischreinigung. Chemischreiniger u. Färber/Färber-Ztg. **23** (1970) 2, S. 48–51.

VI. Werkstoffprüfung. Meß- und Prüftechnik. Standardisierung

Eigenschaften und Fehler der Textilmaterialien u. a.

Apperley, T. W. J.: Untersuchung der Einflußfaktoren auf die Teilcheneigenschaften von C. I. Disperse Yellow 3. J. Soc. Dyers Colourists **85** (1969) 12, S. 562–570.
Sauer, H.: Untersuchungen auf Beständigkeit von Textilien in FKW 11, FKW 113, Perchloräthylen und Schwerbenzin. Chemischreiniger u. Färber/Färber-Ztg. **23** (1970) 1, S. 22–25.
Hearle, J. W. S., Vaughn, E. A.: Ermüdungsuntersuchungen an gereckten und ungereckten Faserstoffen. Rheologica Acta, Darmstadt **9** (1970) 1, S. 76–91. (engl.)
Edel, G.: Methode zur Einschätzung des Risikos der Ausdehnung von Feuer auf textilen Erzeugnissen. Bull. Inst. Textile France **23** (1969) 145, S. 831–839.
Bubencova, L. V.: Untersuchung der Anschmutzbarkeit von Kammgarngeweben, die Polyesterfasern enthalten. Izv. vysšich uč. Zav. Technol. tekstil. Prom. (Hochschulnachr. Technol. Textil-Ind.) (1969) 5, S. 19 bis 21.
Hladík, V.: Modell mechanischer Eigenschaften der Garne. Textil, Praha **25** (1970) 2, S. 35–37.
Johnson, J. W.: Die Zugfestigkeit von Kohlenstoff/Graphit-Fäden beeinflussende Faktoren. Appl. Polymer Symposia (1969) 9, S. 229–243.
Watt, W., Johnson, W.: Der Einfluß von Längenänderungen während der Oxydation von Polyacrylnitrilfaserstoff auf den Elastizitätsmodul der Kohlenstoff-Fäden. Appl. Polymer Symposia (1969) 9, S. 215–227.
Seyfarth, H. E.: Versuche zum Alterungsverhalten ungereckter Polyesterseide. Faserforsch. u. Textiltechnik **21** (1970) 4, S. 176–179.
Simonenko, D. F., Požidaev, N. N.: Einfluß der Garndicke und der Dichte eines Gewirkes auf dessen Lebensdauer. Izv. vysšich uč. (Zav. Technol. legkoj Prom. (Hochschulnachr. Technol. Leichtind.) (1969) 6, S. 12–15.
Kiseleva, G. F.: Eigenschaften von modifizierten aus Polymergemischen erhaltenen Acetatfaserstoffen. Chim. Volokna (Chem. Fasern) (1970) 1, S. 60–62.
Klejman, N. M., Pugačevskij, G. F., Semak, B. D., Stefanjuk, E. M.: Knitterneigung von Gewirken aus Texturseiden. Izv. vysšich uč. Zav. Technol. legkoj Prom. (Hochschulnachr. Technol. Leichtind.) (1969) 6, S. 28–31.
Gel'man, L. R., Andreev, A. F., Vasil'ev, N. M.: Untersuchung der Ursachen für die Querstreifigkeit von Kettengewirken. Tekstil. Prom., Moskva (Textil-Ind.) **29** (1969) 12, S. 42–43.
Morozov, A. V.: Pillbildung bei halbleinenen chemiefaserhaltigen Kleiderstoffen in Abhängigkeit von der Voluminösität. Izv. vysšich uč. Zav. Technol. legkoj Prom. (Hochschulnachr. Technol. Leichtind.) (1969) 5, S. 34–38.

Meß- und Prüftechnik

Angarov, E. I.: Über die Form und Zugkraft eines in der Spinnkammer rotierenden Fadens. Izv. vysšich uč. Zav. Technol. tekstil. Prom. (Hochschulnachr. Technol. Textil-Ind.) (1969) 5, S. 32–38.
Wegener, W., Ehrler, P.: Probleme der Simulation realer Faserverbände. Melliand Textilber. **51** (1970) 3, S. 256–260.
Caspary, R.: Automatische Messung des Modul-Temperatur-Verhaltens von Elastomeren und Kunststoffen im Bereich von −180°C bis +250°C. Materialprüfung **12** (1970) 2, S. 41–44.
Wegener, W., Guse, R.: Das Übertragungsverhalten von Meßwertaufnehmern. Chemiefasern **20** (1970) 3, S. 209–215.
Zillmann, J.: Entwicklungstendenzen in der Materialprüfung. Materialprüfung **12** (1970) 1, S. 22–26.
Volumetrische Kontrolle: ein neues Sortiment von Prüfgeräten für Strumpfhosen und Maschenware. Hosiery Times **42** (1969) 486, S. 54–55.
Jurkowski, B.: Schätzung der Karkassenfestigkeit von Luftreifen. Plaste u. Kautschuk **17** (1970) 2, S. 102–106.

Standardisierung. Terminologie

Heinen, W.: Das deutsche Textilkennzeichnungsgesetz – Entwicklung, Inhalt, Kommentar –. Melliand Textilber. **51** (1970) 3, S. 355–359.
Beitrag zur internationalen Terminologie von Kunststoffen. Polimery, Warszawa **14** (1969) 12, S. 614–616.
Uhlmann, R. H.: Terminologie der Wirkerei und Strickerei. Melliand Textilber. **51** (1970) 3, S. 302–308.

VII. Betriebstechnik. Ökonomie. Tagungsberichte und dgl.. Sonderfragen

Betriebstechnik

Gruznov, L. P.: Über eine Variante der automatischen Berechnung der Korrelationsfunktionen auf Kontrollrechnern mit Arbeitsspeicher geringer Kapazität. Izv. vysšich uč. Zav. Technol. tekstil. Prom. (Hochschulnachr. Technol. Textil-Ind.) (1969) 5, S. 137–139.
Čursin, E. M.: Zum Problem der Effektivität der zentralisierten Instandsetzung von Textilmaschinen. Izv. vysšich uč. Zav. Technol. tekstil. Prom. (Hochschulnachr. Technol. Textil-Ind.) (1969) 5, S. 3–6.
Marinič, V. Ja., Ratmanov, M. M.: Vergleichende Analyse der Luftverteilung durch Decken mit mehreren Diffusoren und Düsen für die aktive Frischluftzufuhr im Websaal. Izv. vysšich uč. Zav. Technol. tekstil. Prom. (Hochschulnachr. Textil-Ind.) (1969) 5, S. 111–115.
Textillufttechnik. Internat. Textil-Bull, Zürich (1969) 4, S. 217, 218, 223, 224, 231, 232, 237, 238.
Steckel, H.: Möglichkeiten und Grenzen der Automation in der Bekleidungsindustrie. Bekleid. u. Wäsche **22** (1970) 4, S. 247–253.
Doubek, O.: Konstruktion eines Kühlsystems für das Gießen. SPE Journal **25** (1969) 6, S. 47–50.
Marchewka, W., Moszyński, J.: Moderne Methoden der Wasseraufbereitung in der Textilindustrie. Przegl. włókienn. (Textil-Rdsch.) **24** (1970) 1, S. 14–17.
Laskov, Ju. M., Nižaradze, E. I.: Zusammensetzung der Abwässer von Wirkwarenfabriken. Tekstil. Prom. Moskva (Textil-Ind.) **29** (1969) 12, S. 80.

Ökonomie

Myhrer, E.: Forstindustrie 1969 in Zahlen. Norsk Skogind. **24** (1970) 3, S. 54–61.
Seidel, L. E.: Prognose für die Textilindustrie der 70er Jahre. Textile Ind. **133** (1969) 12, S. 114, 115, 122.
Hájek, M.: Entwicklung der Wissenschaft und Technik in der Textilindustrie der ČSSR vom Gesichtspunkt der Vorbereitung des Fünfjahrplanes 1971 bis 1975. Textil, Praha **25** (1970) 2, S. 33–35.
Hansmann, J.: Die Zukunft der „Non-Wovens". Chem. Ind., Düsseldorf **22** (1970) 1, S. 37–39.
Zwick, H.: Die Entwicklung der Welt-Chemiefaserproduktion in den letzten 10 Jahren. Bekleid. u. Wäsche **22** (1970) 4, S. 264–266, 268.
Bilanz 1969 und Perspektiven 1970. Ind. textile, Paris (1970) 986, S. 3–5.
Bniňska, Z.: Leitungsprozeß und Erwartungen der Arbeiter in den Textilbetrieben. Technik włókienn. (Textiltechn.) **18** (1969) 11/12, S. 322–326.
Danke, F.: Wissenschaftliche Arbeitsorganisation – in erster Linie ein Problem der Leitungstätigkeit. Wirtschaft, Ausg. A **25** (1970) 11, S. 11.
Holste, W.: Besondere Fakten der industriellen Planung. Rationalisierung, München **21** (1970) 2, S. 47–52.
Goos, G.: Zukunftsorientiertes Marketing. Rationalisierung, München **21** (1970) 2, S. 31–34.
Geyer: Mischgewebe sind der Schlüssel für das Wirtschaftswachstum für Viskosefaserstoff. Chem. engng. News **48** (1970) 4, S. 24.
Zwick, H.: Faserproduktion und Verbrauch in der Welt. Kunststoff-Berater **15** (1970) 3, S. 248, 253–254, 256.

Sonderfragen

Kosch: Die künftige Arbeit der Informationsstellen. Standardisierung **16** (1970) 1, S. 11–12.
Karbe, L.: Jeder Leiter ist für die Aus- und Weiterbildung seiner Mitarbeiter verantwortlich. Wirtschaft, Ausg. A **25** (1970) 11, S. 4–6.
Pötzsch, G.: Kennziffern für den leistungsabhängigen Zuschlag in Forschung und Technik. Wirtschaft, Ausg. A **25** (1970) 13, S. 16–17.
Beheizbarer Kunstrasen für Spielfelder. Textilindustrie, Mönchengladbach **72** (1970) 3, S. 222.

31 712

LEISTUNG OHNE KONKURRENZ

72–210 m/h sind die Leistung einer Fadenlagennähwirkmaschine „Malimo 1600" – eine Leistung ohne Konkurrenz!

Das umfangreiche Einsatzgebiet der Nähwirkmaschinen „Malimo" umfaßt die Herstellung textiler Flächengebilde für Haushaltwäsche, Raumtextilien, Oberbekleidung und technische Textilien.

Einfache Bedienung und Wartung sowie ein geringer Platzbedarf garantieren einen hohen ökonomischen Nutzeffekt

TEXTIMA

VEREINIGUNG VOLKSEIGENER BETRIEBE TEXTILMASCHINENBAU · DDR – 901 KARL-MARX-STADT